艺术与设计系列

# DWELLING
## SPACE DESIGN

U0177608

# 住宅
# 空间设计

邵 娜 主编

曹 艳 闫永祥 参编

中国电力出版社
CHINA ELECTRIC POWER PRESS

## 内 容 提 要

本书以图解的编写方式，对书中的每个知识点进行深入解析。书中通过对住宅空间中的各个空间的分点概述，对每个空间的职能、使用要求、色彩搭配，以及设计风格都进行了详细分析。无论是设计初学者，还是空间设计师，读这本书都能有所收获。同时，书中通过大量空间设计案例，对每一章节的内容进行重点分析，帮助读者巩固知识点。本书既可作为普通高等院校环境设计、住宅空间设计、建筑装饰设计等专业的教学用书，也可以作为室内设计师、施工人员参考用书，还可以作为空间设计爱好者的读物。

**图书在版编目（CIP）数据**

艺术与设计系列：住宅空间设计 / 邵娜主编. —北京：中国电力出版社，2020.1
ISBN 978-7-5198-3619-1

Ⅰ.①艺… Ⅱ.①邵… Ⅲ.①住宅—室内装饰设计 Ⅳ.①TU241

中国版本图书馆CIP数据核字（2019）第187314号

出版发行：中国电力出版社
地　　址：北京市东城区北京站西街19号（邮政编码100005）
网　　址：http://www.cepp.sgcc.com.cn
责任编辑：王　倩　乐　苑（010-63412607）
责任校对：黄　蓓　常燕昆
责任印制：杨晓东

印　　刷：北京瑞禾彩色印刷有限公司
版　　次：2020年1月第一版
印　　次：2020年1月北京第一次印刷
开　　本：889毫米×1194毫米　16开本
印　　张：8
字　　数：231千字
定　　价：58.00元

# 前 言
## PREFACE

目前，我国正处于城镇化的快速发展期，但与发达国家相比，我国城镇化率仍处于较低水平。城镇化率的不断提升，直接推动了建筑业的快速发展。正是在这样的大背景下，住宅空间设计迎来了春天，越来越多的家庭对现有的住宅空间不满意，或者追求更高效的使用空间。住宅设计师凭借自己的专业技能，为业主提供宝贵的设计方案，为业主打造更好的家居生活。

随着生活水平的提升，人们对生活品质的要求越来越高，生活空间的品位日益提升，传统的住宅空间设计显然已经无法满足人们的生活需求。大多数人都不想在住宅设计上与他人"撞衫"，毕竟住宅空间是自己的私人空间，不想与他人雷同。在这种大环境下，业主对自己的居住环境有了更高的要求，对设计师的设计能力要求更高。

本书介绍了各种住宅空间设计的知识，内容涵盖范围广泛，包括对客厅、餐厅、厨房、卧室、卫生间等空间的设计与搭配，还从专业的角度对室内空间的隔热、通风、采光、隔声、行走动线等做了十分细致的讲解。

住宅空间设计是一门集空间、色彩、造型、照明、材料、风格于一体的综合性学科，是现代科技与艺术的综合体现。设计师如何通过设计将住宅空间的功能性与审美性结合，设计出满足生活、学习、娱乐、休闲于一体的功能性空间，如何赋予设计文化内涵，满足人们精神层面的追求，是设计师目前面临的一大难题，也是住宅空间设计的长期目标。

住宅空间设计是各大高校环境艺术设计专业的入门级课程，它解决的是在小空间内如何使人居住、生活方便、舒适的问题。空间虽然不大，涉及的问题却很多，包括采光、照明、通风以及人体工程学等，而且每一个问题都和人的日常起居关系密切。

本书通过系统化的理论知识讲解，以及深入生活当中进行住宅空间案例解析，将住宅空间设计的理论知识与实践操作相结合。以图文并茂的方式让读者能够更深刻地理解空间设计的精髓，更加全面地认识到住宅空间的重要性。

本书第二、三、五、六章由邵娜主编，第一、四、七、八章由曹艳主编。本书在编写时得到了以下同事的帮助，在此表示感谢：万丹、汤留泉、董豪鹏、曾庆平、杨清、袁倩、万阳、张慧娟、彭尚刚、黄溜、张达、童蒙、柯玲玲、李文琪、金露、张泽安、湛慧、万财荣、杨小云、吴翰、董雪、丁嘉慧、黄缘、刘洪宇、张风涛、杜颖辉、肖洁茜、谭俊洁、程明、彭子宜、李紫瑶、王灵毓、李婧妤、张伟东、聂雨洁、于晓萱、宋秀芳、蔡铭、毛颖、任瑜景、闫永祥、吕静、赵银洁。

本书配有课件文件，可通过邮箱designviz@163.com获取。

编者

# 目 录
CONTENTS

前　言

第一章　住宅空间设计概述　　　　　　　　　　　6
　　第一节　空间设计概念　　　　　　　　　　　7
　　第二节　住宅空间分类　　　　　　　　　　　9
　　第三节　空间设计方法与流程　　　　　　　　15
　　第四节　案例分析——住宅空间功能设计　　　20

第二章　住宅空间设计风格　　　　　　　　　　　23
　　第一节　传统设计风格　　　　　　　　　　　24
　　第二节　现代设计风格　　　　　　　　　　　30
　　第三节　自然设计风格　　　　　　　　　　　36
　　第四节　住宅空间风格设计案例　　　　　　　40

第三章　住宅空间设计技巧　　　　　　　　　　　42
　　第一节　住宅空间设计原则　　　　　　　　　43
　　第二节　空间组合设计　　　　　　　　　　　47
　　第三节　案例分析——住宅空间设计　　　　　51

第四章　空间采光与照明设计　　　　　　　　　　54
　　第一节　自然采光设计　　　　　　　　　　　55
　　第二节　人工照明设计　　　　　　　　　　　58
　　第三节　案例分析——空间采光与照明　　　　65

第五章　空间色彩搭配设计　　　　　　　　　　　69
　　第一节　色彩视觉设计　　　　　　　　　　　70
　　第二节　空间配色设计　　　　　　　　　　　74

第三节　空间配色技巧　　　　　　　　　　　　77

第四节　案例分析——空间色彩配色　　　　　79


第六章　住宅空间家具设计　　　　　　　　　　81

第一节　住宅家具设计基础　　　　　　　　　82

第二节　家具陈设方式　　　　　　　　　　　88

第三节　案例分析——家具设计　　　　　　　92


第七章　住宅空间功能设计　　　　　　　　　　95

第一节　门厅设计　　　　　　　　　　　　　96

第二节　客厅设计　　　　　　　　　　　　　100

第三节　厨房设计　　　　　　　　　　　　　103

第四节　餐厅设计　　　　　　　　　　　　　107

第五节　卫浴设计　　　　　　　　　　　　　110

第六节　卧室设计　　　　　　　　　　　　　113

第七节　案例分析——书房设计　　　　　　　115


第八章　住宅空间设计优选案例　　　　　　　　118

第一节　合二为一的住宅空间设计　　　　　　119

第二节　扩大入口营造大气的住宅空间设计　　120

第三节　改变功能分区的住宅空间设计　　　　122

第四节　建立开放式的住宅空间设计　　　　　123

第五节　改变面积扩大存储的住宅空间设计　　124


参考文献　　　　　　　　　　　　　　　　　　126

# 第一章
# 住宅空间设计概述

**识读难度：** ★☆☆☆☆

**核心要点：** 空间概念、特征、分类、学习方式

**章节导读：** 现代住宅逐渐从以前的独门独宅向高层建筑住宅发展。而与此带来的住宅空间该如何分割的问题，也摆在了建筑设计师的面前。生活中，虽然我们没有太在意家居空间，但它却无时无刻不在影响着我们，左右着我们的情绪。同时，由于现代住宅对空间功能的细化及最大化利用，促使人们对住宅空间进行合理化设计，从而得到一个舒适、亲密、温馨的住宅环境（图1-1）。因此，对住宅空间合理化设计的探索，具有重要的现实指导意义。

**图1-1** 一体式客厅与餐厅设计

随着人们文化生活水平的提高，生活习俗的更新，对居住条件的要求也发生了很大变化。传统住宅设计被现代住宅空间设计取而代之，使住宅空间层次丰富，功能更完善，更富时代感。

# 第一节　空间设计概念

## 一、住宅空间的定义

随着社会的发展人们拥有着不同的需求，住宅空间随着时间的变化而相应发生改变，这是一个相互影响、相互联系的动态过程。因此，住宅空间的内涵也不是一成不变的，而是在不断补充、创新和完善。由古至此，空间观有了新的发展，住宅空间已经突破了六面体的概念。采用平滑的隔板，交错组合，使空间成了一个相互交融、自由流动、界限朦胧的组合体。

## 二、住宅空间的特性

住宅空间的特性受空间形状、尺度大小、空间的分隔与联系、空间组合形式、空间造型等方面的影响（图1-2、图1-3）。

### 1. 设计要素

住宅空间由点、线、面、体扩展或围合而成，具有形状、色彩、材质等视觉因素，以及位置、方向、重心等要素，尤其还具有通风、采光、隔声、保暖等使用方面的物理环境要求。这些要素直接影响住宅空间的形状与造型。

### 2. 造型

住宅空间造型决定着空间性格，而空间性格往往又由功能的具体要求而体现，空间性格是功能的自然流露与表现（图1-4）。

### 3. 尺度感

空间的尺度感不是只在空间大小上得到体现。同一单位面积的空间，许多细部处理的不同也会产生不同的尺度感。如住宅空间构件大小，空间的色彩搭配，门窗开洞的形状与大小（图1-5）、位置及房间家具陈设的大小（图1-6），光线强弱，材料表面的肌理纹路等（图1-7），都会影响空间的尺度。

**图1-2** 空间大小制约

住宅空间设计受室内面积大小的制约，在设计时可以因地制宜进行设计。

**图1-3** 空间形状制约

空间设计受房屋的形状制约，在设计时可以弥补房屋造型上的不足之处。

**图1-4** 空间造型

小户型空间在装修时要避免楼层过低，给居住者带来的压抑感，尽量不使用复杂的吊顶、水晶灯等装饰。

**图1-5** 空间色彩与大小

门与窗在作为通道与透气性功能使用的同时，还可以与室内家具相协调，打造良好的居住环境。

**图1-6** 空间位置与图案

室内家具色彩、大小都会给人不一样的心理感受，家具小空间大会给人空旷冷清的感觉，家具大空间小会给人紧凑压抑的感觉。

**图1-7** 家具材质与纹理

室内家具的材质与纹理会影响室内的尺度感，深色家具给人温暖的感觉，浅色家具给人明朗的感觉。

| 图1-2 | 图1-3 | 图1-4 |
|---|---|---|
| 图1-5 | 图1-6 | 图1-7 |

★ 补充要点

住宅空间概念

空间是一个相对概念，构成了事物的抽象概念，事物的抽象概念是参照于空间存在的。物理学上的空间解释:惯性参考系与空间是静止的，无论参考系如何运动，包括变速，都不会改变惯性参考系与空间的静止状态。或说惯性参考系与空间是一起运动。住宅空间就是指建筑的内部空间，而设计是指将计划和设想表达出来的活动过程。住宅空间设计就是对住宅空间进行组合设计的过程。

## 三、住宅空间的功能

空间的功能往往制约着住宅空间设计，如过大的居室难以营造亲切、温馨的气氛，过低过小的住宅空间则会使人感到局限与压抑（图1-8、图1-9）。因此，在设计时要考虑适人们生理与心理需要的合理的比例与尺度。

### 1. 物质功能

住宅空间的物质功能包括使用上的要求，如空间的面积、大小、形状，适合的家具，设备布置，使用方便，节约空间，交通组织、疏散、消防、安全等措施，以及科学地创造良好的采光、照明、通风，隔声、隔热等的物理环境等（图1-10）。

### 2. 精神功能

住宅空间的精神功能是，在满足物质功能的同时，从人的文化、心理需求角度出发，如人不同的爱好、愿望、意志，审美情趣、民族文化、民族象征、民族风格等，并充分体现在空间形式的处理和空间形象的塑造上，使人们获得精神上的满足和美的享受（图1-10、图1-11）。

**图1-8** 大客厅

客厅空间过大容易产生不安的情绪，难以设计出温馨、亲和的氛围。

**图1-9** 小客厅

客厅空间过小会显得十分压抑，不利于居住者活动，行走的局限性大。

**图1-10** 基本采光设计

良好的采光与通风性是住宅空间设计的基本条件。

**图1-11** 多样化设计

在保障居住者的基本居住条件后，设计师应当根据居住者的精神层面需求进行室内空间设计。

| 图1-8 | 图1-9 |
|-------|-------|
| 图1-10 | 图1-11 |

**图1-12** 人性化设计

根据居住者的生活习性与住宅环境进行空间设计，让设计"以人为中心"。

**图1-13** 艺术性设计

根据现代住宅空间设计要求，在进行空间设计时注重人与环境之间的协调发展。

图1-12 | 图1-13

## 四、住宅空间的设计含义

住宅空间设计是根据住宅的使用性质、所处环境和相应标准，运用物质技术手段和建筑美学原理，创造功能合理、舒适优美、满足人们物质和精神生活需要的住宅空间环境。这一空间环境既具有使用价值，满足相应的功能要求，同时也反映了历史文脉、建筑风格、环境气氛等精神因素。

对住宅空间设计含义的理解，以及它与建筑设计的关系，从不同的视角、不同的侧重点来分析。将"创造满足人们物质和精神生活需要的住宅空间环境"作为住宅空间设计的目的，即以人为本，一切围绕为人的生活生产活动创造美好的住宅空间环境（图1-12）。

现代住宅空间设计具有很高的艺术性要求，其涉及的设计内容又有很高的技术含量，并且与一些新兴学科，如人体工程学、环境心理学、环境物理学等，关系极为密切（图1-13）。

现代住宅空间设计已经在环境设计中发展成为独立的新兴学科。由于住宅空间设计从设计构思、施工工艺、装饰材料到内部设施，必须和社会当时的物质生产水平、社会文化和精神生活状况联系在一起；在住宅空间组织、平面布局和装饰处理等方面，从总体来说，还与当时的哲学思想、美学观点、社会经济、民俗民风等密切相关。

## 第二节　住宅空间分类

现代住宅种类繁多，主要分为高档住宅、普通住宅、公寓式住宅和别墅等。按建筑物及其结构类型的不同，可以分为砖木结构、砖混结构、钢混结构和钢结构四大类。

### 一、住宅分类

#### 1. 按楼层高度分类

主要分为低层、多层、小高层、高层和超高层等。

#### 2. 按楼体结构形式分类

主要分为砖木结构、砖混结构、钢混结构、钢混剪刀墙结构、钢混框架——剪刀墙结构和钢结构等（表1-1）。

表1-1　　　　　　　　　　　　住宅性楼体结构分类

| 名称 | 内容 | 图例 |
|------|------|------|
| 砖木结构 | 用砖墙、砖柱、木屋架作为主要承重结构的建筑，像大多数农村的屋舍、庙宇等。这种结构建造简单，材料容易准备，费用较低 | |
| 砖混结构 | 砖墙或砖柱、钢筋混凝土楼板和屋顶承重构件作为主要承重结构的建筑，这是目前在住宅建设中建造量最大、采用最普遍的结构类型。 | |
| 钢混结构 | 即主要承重构件包括梁、板、柱全部采用钢筋混凝土结构，此类结构类型主要用于大型公共建筑、工业建筑和高层住宅。钢筋混凝土建筑里又有框架结构、框架-剪力墙结构、框-筒结构等。目前25～30层的高层住宅通常采用框架-剪力墙结构 | |
| 钢结构 | 主要承重构件全部采用钢材制作，它自重轻，能建超高摩天大楼；又能制成大跨度、高层高的空间，特别适合大型公共建筑 | |

### 3. 按楼体建筑形式分类

主要分为低层住宅、多层住宅、中高层住宅、高层住宅及其他形式住宅等。低层住宅主要是指独立式住宅（图1-14）、联立式住宅和联排式住宅（图1-15）。与多层和高层住宅相比，低层住宅最具有自然的亲合性，适合儿童或老人的生活，住户间干扰少，有宜人的居住氛围。这种住宅虽然为居民所喜爱，但受到土地价格与利用效率、服务及配套设施、规模、位置等客观条件的制约，在供应总量上有限。

**图1-14** 独立式住宅

独立式住宅外观造型别致，楼层一般在三层以下。

**图1-15** 联排式住宅

联排式住宅在外观上保持高度、布局一致。

图1-14 | 图1-15

### 4. 按房屋类分类

主要分为普通单元式住宅、公寓式住宅、复式住宅、跃层式住宅、花园洋房式住宅、小户型住宅等。

### ★ 补充要点

居住空间的构成：

实质上是家庭活动的性质构成，范围广泛，内容复杂。根据居住空间家庭生活行为分类，居住空间的内部活动区域可以归纳为：个人活动空间、公共活动空间、家务活动空间和辅助活动空间等。它们在居住空间环境中既具有一定的独立性，彼此又有一定的关联。

## 二、住宅类型

### 1. 多层住宅

多层住宅（图1-16）主要是借助公共楼梯垂直交通，是一种最具有代表性的城市集合住宅。它与中高层（小高层）和高层住宅相比，具有一定的建筑优势。

从长远投资上看，多层住宅不需要像中高层和高层住宅那样增加电梯、高压水泵、公共走道等方面的投资，且多层住宅户型设计空间比较大，居住舒适度较高。

从结构施工上来看，多层住宅通常采用砖混结构，因而多层住宅的建筑造价一般较低。但多层住宅也有不足之处。首先，底层和顶层的居住条件不算理想，底层住户的安全性、采光性差，厕所易溢粪返味；其次，顶层住户因不设电梯而上下不便。

此外屋顶隔热性、防水性差。难以创新。其次，由于设计和建筑工艺定型，使得多层住宅在结构上、建材选择上、空间布局上难以创新，形成"千楼一面、千家一样"的弊端。如果要有所创新，需要加大投资又会失去价格成本方面的优势。多层住宅的平面类型较多，基本类型有梯间式、走廊式和独立单元式。

### 2. 小高层住宅

一般而言，小高层住宅（图1-17）主要指7～10层高的集合住宅。从高度上说具有多层住宅的氛围，但又是较低的高层住宅，故称为小高层。对于市场推出的这种小高层，似乎是走一条多层与高层的中间之道。这种小高层比较多层住宅有它自己的特点。

（1）容积率高。建筑容积率高于多层住宅，节约土地，房地产开发商的投资成本较多层住宅有所降低。

**图1-16** 多层住宅

造价较低，存在着诸多设计漏洞，在设计与改造上工程量较大。

**图1-17** 小高层住宅

居住舒适度较好，设计发挥的空间大。

图1-16 | 图1-17

（2）设计空间大。建筑结构大多采用钢筋混凝土结构，从建筑结构的平面布置角度来看，则大多采用板式结构，在户型方面有较大的设计空间。

（3）品质高。由于设计了电梯，楼层又不是很高，增加了居住的舒适感。但由于容积率的限制，与高层相比，小高层的价格一般比同区位的高层住宅高，这就要求开发商在提高品质方面花更大的心思。

### 3. 高层住宅

高层住宅是城市化、工业现代化的产物，依据外部形体可将其分为塔楼和板楼（图1-18）。层高为十层及十层以上建筑。

（1）优点。高层住宅土地使用率高，有较大的室外公共空间和设施，眺望性好，建在城区具有良好的生活便利性，对买房人有很大吸引力。

（2）缺点。高层住宅，尤其是塔楼，在户型设计方面增大了难度，在每层内很难做到每个户型设计的朝向、采光、通风都合理。而且高层住宅投资大，建筑的钢材和混凝土消耗量都高于多层住宅，要配置电梯、高压水泵，增加公共走道和门窗。

另外，还要从物业管理收费中为修缮维护这些设备付出经常性费用。高层住宅内部空间的组合方式主要受住宅内公共交通系统的影响。

按住宅内公共交通系统分类，高层住宅分单元式和走廊式两大类。其中单元式又可分为独立单元式和组合单元式，走廊式又分为内廊式、外廊式和跃廊式。

### 4. 超高层住宅

超高层住宅（图1-19）多为30层以上。超高层住宅的楼地面价最低，但其房价却不低。这是因为随着建筑高度的不断增加，其设计的方法理念和施工工艺较普通高层住宅和中、低层住宅会有很大的变化，需要考虑的因素会大大增加。

例如，电梯的数量、消防设施、通风排烟设备和人员安全疏散设施会更加复杂，同时其结构本身的抗震和荷载也会大大加强。

另外，超高层建筑由于高度突出，多受人瞩目，因此在外墙面的装修档次也较高，造成其成本很高。若建在市中心或景观较好地区，虽然住户可欣赏到美景，但对整个地区来讲却不协调。因此，许多国家并不提倡多建超高层住宅。

**图1-18** 高层住宅

具有良好的眺望性，在通风与采光性能上优势大。

**图1-19** 超高层住宅

造价高，建筑工艺技艺更加复杂。

图1-18 | 图1-19

**图1-20** 单元式住宅

单元式住宅的设施完善，居住体验较好，有利于邻里之间和谐相处。

**图1-21** 公寓式住宅

公寓式住宅是一种集合了公寓与普通住宅二者的优势的住宅类型。

**图1-22** 复式住宅

复式住宅分为上、下两层设计，具备省地、省工、省料又实用的特点。

图1-20
图1-21
图1-22

### 5. 单元式住宅

单元式住宅又叫梯间式住宅，是以一个楼梯为几户服务的单元组合体，一般为多、高层住宅所采用。每层以楼梯为中心，安排户数较少，一般为2～4户，大进深的每层可服务于5～8户。住户由楼梯平台进入分户门，各户自成一体（图1-20）。

单元式住宅的户内生活设施完善，既减少住户之间的相互干扰，又能适应多种气候条件。建筑面积较小，户型相对简单，可标准化生产，造价经济合理。仍保留一定的公共使用面积，如楼梯、走道、垃圾道；保持一定的邻里交往，有助于改善人际关系。

### 6. 公寓式住宅

公寓式住宅是区别于独院独户的西式别墅住宅而言的。公寓式住宅一般建筑在大城市里，多数为高层楼房，标准较高；每一层内有若干单户独用的套房，包括卧房、起居室、客厅、浴室、厕所、厨房、阳台等；有的附设于旅馆酒店之内，供一些往来的中外客商及其家属中短期租用（图1-21）。

### 7. 复式住宅

复式住宅一般是指每户住宅在较高的楼层中增建一个夹层，两层合计的层高要大大低于跃层式住宅（复式为3.3m，而一般跃层式为5.6m），其下层供起居用，如炊事、进餐、洗浴等；上层供休息睡眠和贮藏用（图1-22）。

（1）优点。首先，平面利用系数高，通过夹件层复合，可使住宅的使用面积提高50%～70%；其次，户内隔层为木结构，将隔断、家具、装饰融为一体，既是墙，又是楼板、床、柜，降低了综合造价，最后，上部层采用推拉窗户，通风采光好，与一般层高和面积相同住宅相比，土地利用率可提高40%。

（2）缺点。首先，复式住宅面宽大、进深小，如采用内廊式平面组合必然导致一部分户型朝向不佳，自然通风、采光较差；其次，层高过低，如厨房只有2m高度，长期使用易产生局促憋气的不适感；贮藏间较大，但层高只有1.2m，很难充分利用；最后，由于住宅空间的隔断、楼板均采用轻薄的木隔断，木材的成本较高且隔声、防火功能差，房间的私密性、安全性较差。

## 8. 智能化住宅

智能化住宅（图1-23）是指将各种家用自动化设备、电器设备、计算机及网络系统与建筑技术、艺术有机结合，以获得一种居住安全、环境健康、经济合理、生活便利、服务周到的居住体验，使人感到温馨舒适，并能激发人创造性的住宅型建筑物。

一般认为具备安全防卫自动化，身体保健自动化，家务劳动自动化，文化、娱乐、信息自动化的住宅为智能化住宅。具备以上四种基本功能，即可实现家庭活动自动化。家庭活动自动化是指家务、管理、文化娱乐和通信的自动化。

值得注意的是，电脑化和智能化的是不同的。大量内附计算机硬件与软件的仪表仪器、装备和系统，均可称为"电脑化"，但不一定是"智能化"。必须采用某种或某些人工智能技术，使该仪表、仪器、装备和系统具有一定的智能功能，方可称为智能化。

## 9. 花园式住宅

花园式住宅（图1-24）一般称西式洋房或小洋楼，也称花园别墅。一般都是带有花园草坪和车库的独院式平房或二、三层小楼，建筑密度很低，内部居住功能完备，装修豪华并富有变化。住宅内水、电、暖供给一应俱全，户外道路、通信、购物、绿化也都有较高的标准，一般是高收入者购买。

## 10. 跃层式住宅

跃层式住宅（图1-25）是指住宅占有上、下两个楼面，卧室、起居室、客厅、卫生间、厨房及其他辅助空间。用户可以分层布置，上、下层之间不通过公共楼梯而采用室内独用小楼梯连接。每户都有较大的采光面，通风较好；户内居住面积和辅助面积较大；布局紧凑，功能明确，相互干扰较小。

图1-23
图1-24 | 图1-25

**图1-23** 智能化住宅
智能化住宅以先进、可靠的网络系统为基础，将住户和公共设施建成网络，并实现住户、社区的生活设施、服务设施的计算机化管理的居住场所。

**图1-24** 花园式住宅
建筑密度很低，周围环境良好，住宅内部格局规划细致，功能完备。

**图1-25** 跃层式住宅
具有宽敞、舒适的居住体验，楼层高度比复式楼要高。

**图1-26** 住宅空间设计方法
在讲求功能性的基础上，重视空间设计的美观性，电视背景墙在设计中，将展示功能、储存功能、审美功能全面结合，打造出具有灵魂的居住空间。

## 第三节 空间设计方法与流程

住宅空间设计是住宅使用者根据住宅空间的功能需求，运用物质技术手段，创造出舒适优美、适合人居住的住宅环境而进行的空间创造活动（图1-26）。住宅空间设计讲究实用功能与艺术审美相结合，创造出满足人们物质和精神生活需求的居住环境，这也是住宅空间设计的终极目的。

### 一、空间设计特征

现代住宅空间设计是综合的住宅空间环境设计，是一门集感性、理性于一体的学科。它不仅要分析出空间体量、人体工程学、家具尺寸、人流路线、建筑结构和工艺材料等理性数据，也要规划好风格定位、喜好趋向、个性追求等感性心理需求。

住宅空间设计具有以下特点。

#### 1. 以人为本设计

住宅空间设计的主要服务对象是人。人与环境存在一种互动关系，良好的环境可以促进人的发展。以人为本的设计就是要重视人的需要，以人为中心来进行设计，目的就是创造舒适美观的住宅空间环境，满足人们多元化的物质和精神需求，确保人们在住宅空间的人身安全和身心健康。

## 2. 艺术与工程技术结合

住宅空间设计强调艺术创造和工程技术的相互渗透与结合。艺术创造主要解决审美的问题，它要求运用各种艺术表现手法，创造出具有表现力和感染力的住宅空间形象（图1-27），达到最佳的视觉效果。

工程技术主要是解决设计实施的问题，它是将设计构思转化为实物的过程，对住宅空间设计的发展起了积极的推动作用。同时，新材料、新工艺的不断涌现和更新，也为住宅空间设计提供了无穷的设计素材和灵感（图1-28）。

## 3. 可持续发展

可持续发展是指经济、社会、资源和环境保护的协调发展，它们是一个密不可分的系统，既要达到发展经济的目的，又要保护好人类赖以生存的大气、淡水、海洋、土地和森林等自然资源和环境。

住宅装修是一项需要使用多种材质的工程，在装修中会产生废弃材料，而随着社会的发展，装饰风格过时，装修材质更新换代等因素，人们对居住空间的要求更加严格，住宅空间设计的"无形折旧"更趋明显，人们对住宅空间环境的要求也越加的高。

因此，在住宅空间设计中一定要遵循设计的"可持续发展"，化繁为简做设计，摒弃不必要的装饰，以实用性设计为主。以室内家具为例，家具在选材、制作的过程中，或多或少存在着破坏自然环境，产生工业废料废渣，给生态环境带来一定的破坏力。而原木设计以简单的工艺制作、简洁的造型成为住宅空间中的独特设计（图1-29、图1-30）。

# 二、空间设计流程

住宅空间设计的程序是指完成住宅空间设计项目所需的步骤、流程和方法。住宅空间设计的程序一般分为4个程序，即设计准备、方案设计、方案深化和施工图绘制、设计实施等四个阶段。

**图1-27** 以人为本设计

以人为本设计要求设计师在设计时，要全面照顾到家庭成员的多样化需求，满足每个人的需求。多功能书房既能满足人们日常的阅读、处理工作需要，也能作为展示空间使用，还可以作为休憩、客房使用。

**图1-28** 技艺性设计

住宅空间设计时强调美观性与工艺技艺性的结合，让住宅空间更具有活力与原始风貌。

**图1-29** 原木设计（一）

木材在设计中的应用十分广泛的，独特的造型和排列及搭配等会产生意想不到的效果，木材的肌理呈现出特有的质感。

**图1-30** 原木设计（二）

原木材质在制作工艺上经过简单的造型、抛光与表面清漆处理，简单的制作工艺呈现出不凡的装饰效果，简约不简单的设计迎合了设计可持续发展的主题理念。

| 图1-27 | 图1-28 |
| 图1-29 | 图1-30 |

### 1. 设计准备

（1）接受住宅使用者的设计委托任务。

（2）与住宅使用者进行广泛而深入地沟通，了解住宅使用者的性格、年龄、职业、爱好和家庭人员组成等基本情况，明确住宅空间设计的任务和要求，如此次住宅空间设计的功能需求、房间分布、风格定位、个性喜好、预算投资等。

（3）到住宅现场了解住宅空间建筑构造情况，测量住宅空间尺寸，并完成住宅空间的初步平面布置方案。

（4）明确住宅空间设计项目中所需材料的情况，掌握这些材料的价格、质量、规格、色彩、防火等级和环保指标等内容，并熟悉材料的供货渠道。

（5）明确设计期限，制定工作流程，完成初步预算。

（6）与住宅使用者商议并确定设计费用，签订设计合同，收取设计定金。

### 2. 方案设计

（1）收集和整理与本住宅空间设计项目有关的资料与信息，优化平面布置方案，构思整体设计方案，并绘制方案草图（图1-31）。

（2）优化方案草图，制作设计文件。设计文件主要包括设计说明书、设计意向图、平面布置图、设计构思草图和主要空间的效果图。

**图1-31** 平面布置图

在与客户初步沟通后设计出的方案图，这时的方案图只是简单地将客户需求植入，将各个区域的功能分区。

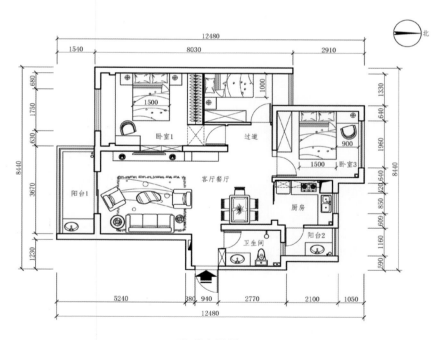

平面布置图

### 3. 方案深化和施工图绘制

通过与住宅使用者的沟通，确定好初步方案后，就要对设计方案进行完善和深化，并绘制施工图（图1-32、图1-33）。施工图包括平面图、顶面布置图、电路图、立面图、剖面图、大样图和材料实样图等。

**图1-32** 顶面布置图

对顶面空间的设计，对顶面材质选择、规格、制作工艺的说明，也是对室内灯具选择，安装位置的概括。

**图1-33** 开关布置图

设计师根据业主的生活习惯进行开关位置、高度布置。

图1-32
图1-33

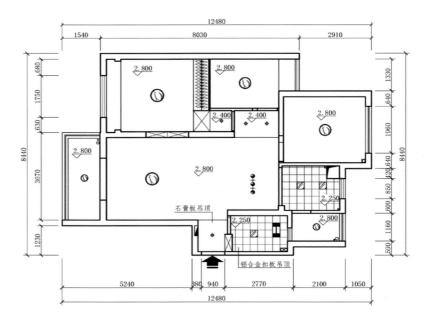

顶面布置图

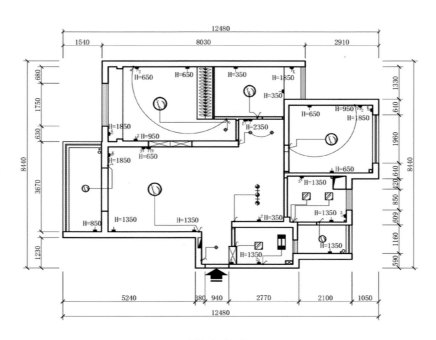

开关插座布置图

平面图主要反映的是空间的布局关系、交通的流动路线、家具的基本尺寸、门窗的位置、地面的标高和地面的材料铺设等内容。天花图主要反映吊顶的形式、标高和材料，以及照明线路、灯具和开关的布置，空调系统的出风口和回风口位置等内容。立面图主要反映墙面的长、宽、高的尺度，墙面造型的样式、尺寸、色彩和材料，以及墙面陈设品的形式等内容。

#### 4. 设计实施

设计实施是设计师通过与施工单位的合作，将设计图纸转化为实际工程效果的过程。在这一阶段设计师应该与施工人员进行深度地沟通和交流，及时解答现场施工人员所遇到的问题，并进行合理的设计调整和修改，在合同规定的期限内，高质量地完成工程项目。

### 三、住宅空间设计方法

这里着重从设计者的思考方法来分析，住宅空间设计方法主要有以下几种：

#### 1. 整体与局部设计

整体与局部设计要深入推敲，从大处着眼，是住宅空间设计应考虑的基本观点。这样，在设计时思考问题和着手设计的起点就高，有一个设计的全局观念。局部设计是指具体进行设计时，必须根据住宅空间的使用性质，深入调查、收集信息，掌握必要的资料和数据，从最基本的人体尺度、人流动线、活动范围和特点、家具与设备的尺寸范围着手。

以小户型家具为例，小户型中的每一处面积都要设计得恰到好处，将设计做到"麻雀虽小，五脏俱全"的境界。因此，在现代小户型设计中，折叠型家具使用频率很高，既能达到整体风格、规格上的统一，又能做到实用性与美观性相结合（图1-34、图1-35）。

**图1-34** 整体与局部设计（一）

由于空间有限，设计师将餐桌与橱柜结合设计，餐桌在收起时与橱柜形成一个整体，整个室内空间行走流畅，动线明显。

**图1-35** 整体与局部设计（二）

餐桌放下来之后可容纳多人就餐，在设计上弥补了空间不足以放餐桌的尴尬境地。将设计一分为二，做到整体与局部各有特色。

图1-34 | 图1-35

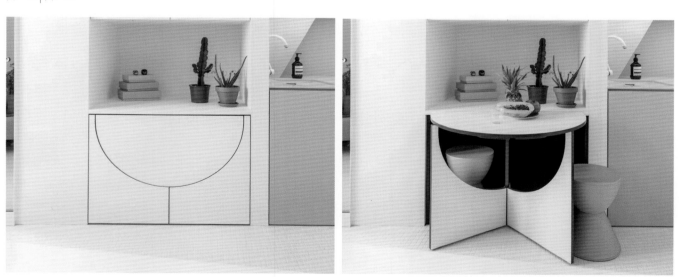

**图1-36** 层次感设计（一）

在住宅设计中，阳台大多被设计为晾晒区，用于生活阳台。考虑到从客厅的角度观看阳台的情景，在设计时可以设计储物柜将阳台上的杂物收纳，搭配一些绿植。

**图1-37** 层次感设计（二）

起居室是供居住者会客、娱乐、团聚等活动的空间，在层次设计上，动静分区明显，靠墙一侧设计为阅读区，靠近走道区域设计为娱乐区。

图1-36 | 图1-37

### 2. 层次感设计

任何住宅设计应是内部构成因素和外部联系之间相互作用的结果，也就是从里到外、从外到里的结合设计。住宅空间环境的"里"，以及和这一住宅空间环境连接的其他住宅空间环境，以至住宅室外环境的"外"，它们之间有着相互依存的密切关系（图1-36）。

因此，在设计时需要从里到外，从外到里多次反复协调，让设计更加完善合理。住宅空间环境需要与建筑整体性质、标准、风格、室外环境相谐调统一（图1-37）。

### 3. 立意与表达并重

意在笔先，原指创作绘画时必须先有立意，即深思熟虑，有了想法后再动笔，也就是说设计的构思和立意至关重要。所以说，一项设计，没有立意就等于没有"灵魂"，拥有一个好的构思往往是设计的难度所在。具体设计时意在笔先固然好，但是一个较为成熟的构思，往往需要足够的信息量，有商讨和思考的时间，因此也可以边动笔边构思，即所我们常说的笔意同步。

在设计前期和出方案过程中，尽量要使立意、构思逐步明确，但关键仍然是要有一个好的构思。对于住宅空间设计来说，正确、完整又有表现力地表达出住宅空间环境设计的构思和意图，使建设者和评审人员能够通过图纸、模型、说明等，全面地了解设计意图，也是非常重要的。

## 第四节　案例分析——住宅空间功能设计

这是一套使用面积在60m²左右的户型，包含客餐厅、书房、厨房、卫生间各一间，卧室两间，并有一处过道。这套户型采光比较充足，客餐厅面积比较适中，但厨房与卫生间面积较小，能储存的空间过少。设计要求在保留基本格局的情况下加大存储空间，增强空间立体感（图1-38～图1-44）。

**图1-38** 方案设计图

首先，将卫生间门洞拆除，使其与次卧的门洞处于同一水平线上，以此增长卫生间竖向面积，预留干湿分区空间。其次，改变过道通向书房的门洞大小，由原来的800mm变更为更宽阔的1000mm，扩大行走空间，在纵向视角上增强空间立体感。

**图1-39** 客厅设计

面积较大的客厅在布置上会更容易些，沙发两边的落地灯配合顶棚处的点点灯光，亮度适宜，不会产生压抑的感觉，此时若开窗，配上明亮的月光，室内的立体感也便更强了。

**图1-40** 吧台设计

在餐厅中设置吧台是一种情调，吧台之上水池可做基本清洗工作，吧台之下具备存储空间，在柔和的灯光下，偶尔小酌一杯，必定使人万分愉悦。

**图1-41** 灯光设计

直线垂落的吊灯给阅读提供了充足的光线，但又不会感觉到刺眼，灯光从灯罩内向四周发散，这对于面积不是非常大的卧室而言，可以算是一种意外之喜。

**图1-42** 隔板设计

对于空高不是特别高的书房，选择层板无疑是一个明智之举，在层板上放置一些常用的书，几件极具艺术性的装饰品，不仅颇具时尚感，也能给人一种轻松、舒适的感觉。

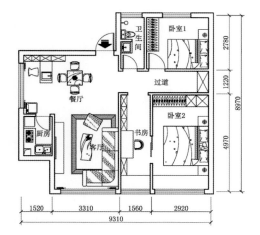

| 图1-38 | |
|--------|--------|
| 图1-39 | 图1-40 |
| 图1-41 | 图1-42 |

**图1-43** 厨房功能设计

水池上方的工作灯有效避免了厨房事故发生，抽拉式的橱柜使得厨具的拿取更加方便，吊柜则为爱好烹饪的美食家提供了更多的存储空间。

**图1-44** 局部光源设计

壁灯能为狭长的卫生间提供竖向的照明，而干湿分区处的台下柜为卫生间也提供了更多的储物空间，即使东西较多，也一样可以收拾得井井有条。

图1-43｜图1-44

### ★ 小贴士

住宅装饰设计方法：

居室的设计一般分为公共空间和居住空间，以及厨、厕、阳台等功能性空间，这些相对具有独立性的空间都是以房门来隔离的，因此，室内房门开设的位置就要同时考虑到开不影响实用空间面积、居室秘密性和空间阻断性等因素。

房屋要尽可能减少不必要的"死角"面积和交通面积。房屋要方正，房屋内如有斜角空间，感觉就不会很舒服。方方正正的房间不但有益于家具的摆设和人在居室内活动，而且给人稳定、宽阔感。房门的开向，位置要合理。小户型在装潢时，往往不再采用墙体式的隔断，通常会选用柜体、屏风、书架等来对室内空间进行划分。既不会占用太多的室内空间，又可以达到隔断空间的效果。

### 本章小结

从当前的设计行业情况看来，住宅空间设计是很有开发潜力、很持久的专业，设计师不只工作岗位相比稳定，并且薪资待遇也都十分不错，是当前人才相对稀缺的工作岗位之一。想学好住宅空间设计这个专业，就要挑选一个好的专业院校学习训练。住宅空间设计这个行业起点是比较低的，零基础都可以直接开始学习，但是住宅空间设计同时又是一个涉及的比较广的行业，需要学习的东西有很多。

# 第二章
# 住宅空间设计风格

识读难度：★ ★ ☆ ☆ ☆

核心要点：风格、特征、技巧、手法

章节导读：设计风格是对艺术品或者特色装修家具等带有独特的风味的产物，其中包括：美式乡村风格、古典欧式风格、地中海式风格、东南亚风格、日式风格、新古典风格、现代简约风格、新中式风格（图2-1）。设计风格对住宅空间设计具有重要意义，不同室内设计风格彰显出住宅主人不同的审美观与价值观。

**图2-1** 中式风格书房设计

不同的设计风格给居住者带来不同的居住体验，设计师在设计时会根据居住者的个性、喜好、习惯进行一系列的设计。

# 第一节 传统设计风格

传统风格的住宅空间设计，是在住宅空间布置、线形、色调以及家具、陈设的造型等方面，吸取传统装饰"形""神"的特征。例如，吸取我国传统木构架建筑住宅空间的藻井天棚、挂落、雀替的构成和装饰，明清家具造型（图2-2）和款式特征。

又如西方传统风格中仿罗马风、哥特式、文艺复兴式、巴洛克、洛可可、古典主义等，以及仿欧洲英国维多利亚风或法国路易风的住宅空间设计和家具款式。

此外，还有日本传统风格、印度传统风格、伊斯兰传统风格、北非城堡风格等。传统风格常给人们以历史延续和地域文脉的感受，它使住宅空间环境突出了民族文化渊源的形象特征。

## 一、传统中式风格

中国传统的住宅空间设计融合了庄重与优雅双重气质（图2-3），更多地利用了后现代手法，把传统的结构形式通过重新设计组合，以另一种民族特色的标志符号出现。

例如，厅里摆一套明清式的红木家具，墙上挂一幅中国山水画等，这种设计形式能够将传统的中式风格衬托得更为明显（图2-4）。

### 1. 风格特点

中式风格以宫廷建筑为代表的中国古典建筑的住宅空间，装饰设计艺术风格以气势恢宏、壮丽华贵、高空间、大进深、金碧辉煌、雕梁画柱呈现出来。造型讲究对称，色彩讲究对比，装饰材料以木材为主，图案多以龙、凤、龟、狮等为主，精雕细琢、瑰丽奇巧（图2-5）。

图2-2 | 图2-3
图2-4 | 图2-5

**图2-2** 明清时期家具

家具造型精致，在中式风格设计中具有良好的借鉴意义，形成特色的中式风格设计。

**图2-3** 传统中式风格

在材质、色彩与质感上都十分的细腻，家具色彩多以深色为主，彰显地位。

**图2-4** 山水画

中式风格设计的精髓之处，能够帮助设计师烘托出中式风格的氛围。

**图2-5** 对称性设计

对称性设计是中式风格设计的关键，对称美一直是中式风格设计中的亮点。在色彩上多以红色、金色、蓝色、咖色作为主色调。

值得注意的是，中式风格的装修造价较高，且缺乏现代气息，只能在家居中点缀使用，而不能大面积使用。现代中式风格更多地利用了后现代手法，墙上挂一幅中国山水画，传统书房里自然少不了书柜、书案以及文房四宝（图2-6）。

中式风格的客厅具有内蕴的风格，为了居住的舒适性，中式风格中也常常用到沙发，但颜色要体现出中式的古朴典雅，中式风格这种表现使整个空间里，传统中透着现代，现代中揉着古典（图2-7）。

**★ 补充要点**

新中式风格

新中式风格通过对传统文化的认识，将现代元素和传统元素结合在一起，并不是将纯粹的传统元素堆砌，而是以现代人的审美需求来打造富有传统韵味的事物，让传统艺术在当今社会得到合适的体现。在空间设计中十分注重层次感设计，根据住宅使用人数和私密程度的不同，分隔出具有功能性空间（图2-8、图2-9）。

**图2-6** 中式与后现代风格结合

中式风格的书房在设计中与后现代设计手法相结合，现代风格的地面与墙面装饰，与中式风格的书案形成良好的视觉效果。

**图2-7** 传统与现代融合设计

中式风格并不是全部的中式家具设计，布艺沙发一般选择浅色、亚麻色等温和的色彩，与中式家具相得益彰。

**图2-8** 新中式风格客厅设计

采用中式家具与现代软装相结合，中式风格的座椅与现代风格的挂画，让整个空间特征分明，两者相融合。

**图2-9** 新中式风格卧室设计

古朴的衣柜与现代感十足的卧室背景墙设计，既保留着中式的气息，又不缺乏现代感。

| 图2-6 | 图2-7 |
|-------|-------|
| 图2-8 | 图2-9 |

## 2. 设计要点

（1）空间上讲究层次。多用隔窗、屏风来分割，用实木做出结实的框架，以固定支架，中间用棂子雕花，做成古朴的图案（图2-10）。

（2）门窗对确定中式风格很重要，因为中式门窗一般是用棂子做成方格或其他中式的传统图案，用实木雕刻成各式题材造型（图2-11），门窗表面打磨光滑，富有立体感。

（3）天花以木条相交成方格形，上覆木板，也可做简单的环形的灯池吊顶（图2-12），用实木做框，层次清晰，漆成花梨木色。家具陈设讲究对称，重视文化意蕴；配饰擅用字画、古玩、卷轴、盆景，精致的工艺品加以点缀（图2-13），更显主人的品位，木雕画以壁挂为主，更具有文化韵味和独特风格，体现中国传统家居文化的独特魅力。

## 二、传统欧式风格

传统欧式风格17世纪盛行欧洲，强调线形流动的变化，色彩华丽。它在形式上以浪漫主义为基础，装修材料常用大理石、多彩织物、精美地毯，精致的法国壁挂，整个风格豪华、富丽，充满强烈的动感效果。另一种是洛可可风格，多用轻快纤细的曲线装饰，典雅、亲切，欧洲的皇宫贵族都偏爱这个风格。

欧式风格是传统风格之一，是指具有欧洲传统艺术文化特色的风格。欧式风格按不同的地域文化可分为北欧、简欧和传统欧式（图2-14~图2-16）。

图2-10 ｜ 图2-11
图2-12 ｜ 图2-13

**图2-10** 中式隔窗
中式风格的隔窗可用来分隔大空间，在视线上进行空间分隔。

**图2-11** 中式门窗
中式风格的门窗采用实木雕刻成型，极富空间立体感。

**图2-12** 中式风格的吊顶
天花设计采用木质结构，吊顶的色泽与家具相呼应，中式风格显著。

**图2-13** 中式风格工艺品
中式风格的工艺品能够渲染空间氛围，打造中式家居环境。

**图2-14** 北欧风格

北欧风格以自然简洁为原则，整体的基调偏向于浅色系。

**图2-15** 简欧风格

简欧风格以实用性和多元化为设计原则，从简单到繁杂、从整体到局部，精雕细琢，给人一丝不苟的印象。

**图2-16** 传统欧式风格

传统欧式风格兼备豪华、优雅、和谐、舒适、浪漫的特点，强调线形流动的变化。

图2-14 | 图2-15 | 图2-16

　　根据不同的时期，传统欧式风格可分为：古典风格(古罗马风格、古希腊风格)，中世风格，文艺复兴风格，巴洛克风格，新古典主义风格，洛可可风格等（表2-1）。

表2-1　　　　　　　　　　　　欧式风格按时期分类

| 风格 | 图例 | 风格 | 图例 |
|---|---|---|---|
| 古希腊风格 | | 哥特式风格 | |
| 罗马风格 | | 文艺复兴风格 | |
| 拜占庭式风格 | | 巴洛克风格 | |
| 罗曼式风格 | | 新古典主义风格 | |
| 洛可可风格 | | 折中主义风格 | |

**图2-17** 开放式厨房

操作更简洁，可以一边享受烹饪一边与家人互动。

**图2-18** 组合式沙发

客厅采用2+2+3的沙发组合形式，靠墙摆放的沙发让人更有安全感。

**图2-19** 拱门

拱门是欧式风格中的精心之作，在设计时讲究细节上的处理。

**图2-20** 柱体

传统欧式风格的柱体造型别致，一般为对称式设计。

**图2-21** 壁炉

壁炉是欧式客厅设计中的点睛之笔，能够展现出欧式风格的特征。

| 图2-17 | 图2-18 | |
|---|---|---|
| 图2-19 | 图2-20 | 图2-21 |

## 1. 风格特色

开放式的厨房是根据欧洲人的饮食习惯而决定的；沙发一般用背靠窗的摆放方式，中式则忌空。传统的沙发一般是1+2+3或2+2+3等组合形式，一般没有L形沙发；床、床头靠窗，与沙发相同，中式忌床头靠窗。床尾有床尾凳；与中国传统风格一样，欧式风格也常用对称的方式来体现庄重与大气（图2-17、图2-18）。

## 2. 风格装饰要素

门的造型设计，包括房间的门和各种柜门，既要突出凹凸感，又要有优美的弧线，两种造型相映成趣，风情万种（图2-19）；柱的设计也很有讲究，可以设计成典型的罗马柱造型，使整体空间具有更强烈的西方传统审美气息（图2-20）；壁炉是西方文化的典型载体，选择欧式风格家装时，可以设计一个真的壁炉，也可以设计一个壁炉造型，辅以灯光，营造西方生活情调（图2-21）。

### 3. 空间特色

欧式的居室不只是豪华大气，更多的是惬意和浪漫。通过完美的曲线，精益求精的细节处理，带给家人不尽的舒服感，实际上和谐是欧式风格的最高境界。同时，欧式装饰风格最适用于大面积房子，若空间太小，不但无法展现其风格气势，反而对生活在其间的人造成一种压迫感。

### 4. 色彩运用

传统欧式风格从整体到局部、从空间到陈设塑造，都给人一种精致印象。一方面保留了材质、色彩的大致感受，另一方面浅色和木色家具有助于突出清贵和舒雅，格调相同的壁纸、帘幔、地毯、家具、外罩等装饰织物布置的家居，蕴涵着欧洲传统的历史痕迹与深厚的文化底蕴，着力塑造尊贵又不失高雅的居家情调（图2-23、图2-24）。

### 5. 美学特点

欧式典雅的古代风格、纤致的中世纪风格、富丽的文艺复兴风格、浪漫的巴洛克、洛可可风格，一直到庞贝式、帝政式的新古典风格，在各个时期都有各种精彩的演出，是欧式风格不可或缺的要素。为家装注入欧式元素，寓意以永恒的文化元素让家具有永恒的魅力，经久不衰，给人自然的感觉。

|  |  |
| --- | --- |
| 图2-22 | |
| 图2-23 | 图2-24 |

**图2-22** 细节设计

完美的家具线条与装饰元素，让整个家居空间彰显出浪漫、华丽的气氛。通过艺术吊灯、绿植的点缀，让整个空间极富有华贵气息。

**图2-23** 造型设计

在客厅风格设计中，华丽的树形吊顶与装饰画之间结合巧妙，整个空间以蓝色、金色作为主色调。

**图2-24** 色彩设计

卧室空间风格采用了米白、蓝色、金色等色彩，为了减少大面积纯色带来的视觉冲击，卧室中以米色调作为基调，加强卧室的使用功能，避免色彩的冲击力影响睡眠质量。

# 第二节 现代设计风格

现代风格是近几年比较流行的一种室内空间设计风格，其宗旨是追求时尚与潮流，在设计上非常注重居室空间的布局与使用功能的完美结合。

现代主义也称功能主义，是工业社会的产物，其最早的代表是建于德国魏玛的包豪斯学校。其主题是："要创造一个能使艺术家接受现代生产最省力的环境——机械的环境"。在设计中有几个明显的特征：喜欢使用最新的材料，尤其是不锈钢、铝塑板或合金材料，作为住宅空间装饰及家具（图2-25、图2-26）。

## 一、代表派别

### 1. 高技派

高技派又称为"重技派"，注重"高度工业技术"的表现，在设计中具有以下几个特征：

首先，喜欢使用最新的材料，尤其是不锈钢、铝塑板或合金材料，作为住宅空间装饰及家具设计的主要材料。高技派典型的实例为法国巴黎蓬皮杜国家艺术与文化中心、香港中国银行等。

其次，对于结构或机械组织的暴露，如把住宅空间水管、风管暴露在外，或使用透明的、裸露机械零件的家用电器。在功能上强调现代居室的视听功能或自动化设施，家用电器为主要陈设，构件节点精致、细巧，住宅空间艺术品均为抽象艺术风格（图2-27～图2-29）。

**图2-25** 不锈钢材质运用

在设计中运用新型装修材料，打破常规装修的局限性，让设计回归生活。在金属、不锈钢等材质上的运用发挥到极致，相对于传统的木质家具，金属家具的使用性能更好。

**图2-26** 黑白灰色调运用

在色彩设计上，以"黑白灰"为主色调，打造简洁、规整化的极简空间，使得整个空间的风格简单明亮，重视设计的功能性，减少不必要的装饰。

**图2-27** 功能性设计

在设计中以家用电器作为住宅空间内的主要陈设设计，注重功能性设计。大规模采用钢结构与玻璃设计，减轻墙体的荷载。

**图2-28** 工艺设计

在设计突出工业技术，在室内暴露出钢板、网架等结构构件，强调住宅空间设计与工艺技术的结合。

**图2-29** 装饰设计

将风扇镶嵌在沙发背景墙上，这面金属网架既是客厅的沙发背景墙，也是卧室的隔断墙，正面显示出功能性设计，背面则是装饰室内空间的挂件。

| | |
|---|---|
| 图2-25 | 图2-26 |

| | | |
|---|---|---|
| 图2-27 | 图2-28 | 图2-29 |

**图2-30** 几何图案组合

从客厅设计中可以看出，整个空间设计中采用几何图案为主，没有使用任何的具象元素。

**图2-31** 运用红黄蓝色彩

"红黄蓝"三原色作为整个住宅空间的主色调，将纯色设计要素作为整个色彩设计的核心元素。

**图2-32** 点线面要素设计

在设计中将"点、线、面"的视觉要素发挥到极致，整个书柜设计简洁，看起来新颖别致，富有艺术气息。

**图2-33** 抽象化设计元素

整个住宅空间设计中以"抽象化、单纯化"为出发点，在平面上把横线和竖线加以结合，形成直角或长方形，并在其间安排原色红、蓝、黄。让简洁的设计富有活力。

**图2-34** 极简主义设计（一）

极简主义在住宅空间设计中摒弃复杂多样的装饰，简化装饰线条，让所有的装饰回归生活的本质。客厅设计中只保留了简单的家具与布局设计，家具以简单的造型呈现出来，吊顶采用最为简单的照明设计。

**图2-35** 极简主义设计（二）

浴室空间中只做了基本的墙地面装饰，浴室洁具也只采用简洁的造型。烘托出"简单即是最好"的设计原则。

| 图2-30 | 图2-31 |
|--------|--------|
| 图2-32 | 图2-33 |
| 图2-34 | 图2-35 |

### 2. 风格派

风格派代表作品——红蓝椅与曲折椅。风格派起始于20世纪20年代的荷兰，它是立体主义画派的一个分支，认为艺术应消除与任何自然物体的联系，只有点、线、面等最小视觉元素和原色，才是真正具有普遍意义的永恒艺术主题。

住宅空间设计方面的代表人物是木工出身的里特威尔德，他将风格派的思想充分表达在家具、艺术品陈设等各个方面，风格派的出现使包豪斯的艺术思潮发生了转折，它所创造的绝对抽象的视觉语言及其代表人物的设计作品对于现代艺术、现代建筑和住宅空间设计产生了极其重要的影响。风格派认为"把生活环境抽象化，这对人们的生活就是一种真实"（图2-30~图2-33）。

### 3. 极简主义

也译作简约主义或微模主义，是第二次世界大战之后60年代所兴起的一个艺术派系，又可称为"Minimal Art"，作为对抽象表现主义的反动而走向极致，以最初的物体自身或形式展示于观者面前，极少的作品作为文本或符号形式出现时有暴力感，开放作品自身在艺术概念上的意象空间，让观者自主参与对作品的建构（图2-34、图2-35）。

**图2-36** 迈耶——巴塞罗那现代艺术馆正面

建筑物的本身为简洁的立方体造型，但通过大胆的立面切割和异形体的引入，形成了多个纵横交错的面的组合，使空间产生无穷的变化。

**图2-37** 迈耶——巴塞罗那现代艺术馆侧面

整个建筑的外墙部分呈现出大面积的白色，从周围的建筑中脱颖而出。

**图2-38** 白色调设计

"白色派"在室内空间中表现为"纯白"设计，以大量的白色作为住宅空间设计的主色调，掺杂着少量的其他色彩设计。

**图2-39** 白色家具设计

洁白的墙面与沙发座椅，展现出材料的肌理效果，起居室中的壁炉外观造型也被设计为白色。地面材质不受白色限制，采用大面积的木地板来装饰客厅。

**图2-40** 结构与重组设计

通过对柜体的分解与重组设计，创造出总体统一，局部破碎的不确定感，在视觉上形成各个元素之间的变形与移位。

**图2-41** 功能分区设计

在厨房空间中，通过解构主义设计，将不同的功能进行分区，将不同区域采用不同的材质进行组合。各个区域分区明显，却又互相关联。

| 图2-36 | 图2-37 |
| 图2-38 | 图2-39 |
| 图2-40 | 图2-41 |

#### 4. 白色派

迈耶——巴塞罗那现代艺术馆作品以白色为主（图2-36、图2-37），具有一种超凡脱俗的气派和明显的非天然效果，被称为美国当代建筑中的"阳春白雪"。埃森曼、格雷夫斯、格瓦斯梅、赫迪尤克和迈耶纽约五人组为代表。他们的设计思想和理论原则深受风格派和柯布西耶的影响，对纯净的建筑空间、体量和阳光下的立体主义构图、光影变化十分偏爱，故又被称为早期现代主义建筑的复兴主义。

白色派在住宅空间设计中主要表现为在空间内大量使用白色元素，大面积使用白色让整个空间的视野更大，空间的光影效果更好（图2-38、图2-39）。

#### 5. 解构主义

弗兰克·盖里——迪斯尼音乐厅是1980年代晚期开始的后现代建筑思潮。它的特点是把整体破碎化（解构），用分解的观念，强调打碎、叠加、重组、重视个体，以及部件本身，反对总体统一而创造出支离破碎和不确定感（图2-40、图2-41）。

设计理念是对外观的处理，通过非线性或非欧几里得几何的设计，来形成建筑元素之间关系的变形与移位，譬如楼层和墙壁，或者结构和外廓。大厦完成后的视觉外观产生的各种解构"样式"，以刺激性的不可预测性和可控的混乱为特征，是后现代主义的表现之一。

### 6. 后现代主义

对于后现代主义，各个理论家有自己不同的理解，有些认为仅仅指某种设计风格，有些认为是现代主义之后整个时代的名称。在这个名称的使用上，全世界的建筑理论界都还没有达成统一的标准和认识。

后现代主义又称装饰主义和隐喻主义，兴起于20世纪60年代。后现代主义风格住宅空间设计的主要特点包括以下几点：

第一，强调历史文脉及设计师的个性和自我表现力，反对重复前人设计经验，讲究创造。

第二，强调建筑与住宅空间设计的矛盾性和复杂性，反对设计的简单化和程式化。

第三，提倡多元化和多样性的设计理念，追求人文精神的融入。

第四，崇尚隐喻和象征的设计手法，大胆运用装饰色彩。

在设计手法上，采用非传统的混合、叠加、错位、裂变等手法和象征、隐喻等手段，以期创造一种感性与理性、传统与现代于一体的建筑形象与室内环境（图2-42、图2-43）。

### 7. 新现代主义

新现代主义是一种从20世纪末期到21世纪初的建筑风格，最早在1965年出现。新现代建筑透过新的简约而平民化的设计，对后现代建筑的复杂建筑结构及折中主义的回应。有评论指出：这种对现行建筑风格的反思精神，"正是当代中国建筑所缺乏的"，从而"导致建筑师们以模仿代替创作、以平庸代替创新"。"新现代建筑"这个名词也被用于泛指现时的建筑（图2-44、图2-45）。

| 图2-42 | 图2-43 |
|--------|--------|
| 图2-44 | 图2-45 |

**图2-42** 取舍设计

在设计中抛弃了现代主义的严肃与简朴，空间中充满大量的装饰细节，刻意制造出一种含混不清、令人迷惑的情绪，强调与空间的联系。将古典与现代，传统与时尚的元素兼容并蓄，形成对立又统一的格调。

**图2-43** 材质组合

将光亮的，暗淡的，华丽的，古朴的，平滑的，粗糙的材质相互穿插对比，形成有力量但不生硬，有活力但不稚嫩的风格。

**图2-44** 悬挂设计

在空间处理上，采用大量的悬挂设计，简单的白色格子贯穿其中。

**图2-45** 选用硬质材质

在家居设计中喜欢采用镀铬钢管，在形态上强调机械化和几何化。

## 二、主要特点

现代主义风格设计也称功能主义设计，是工业社会的产物，起源于1919年包豪斯(Bauhaus)学派，提倡突破传统，创造革新，重视功能和空间组织，注重发挥结构构成本身的形式美，造型简洁，反对多余装饰，崇尚合理的构成工艺；尊重材料的特性，讲究材料自身的质地和色彩的配置效果（图2-46）；强调设计与工业生产的联系。现代风格一般用在描述建筑和住宅空间作品及设计作品。且无论房间多大，一定要显得宽敞。

### 1. 色彩跳跃的个性化空间

现代风格家居的空间，色彩就要跳跃出来。高纯度色彩的大量运用，大胆而灵活，不单是对现代风格家居的遵循，也是个性的展示（图2-47）。

以多功能组合柜为沙发背景，组合柜上推拉门的造型滑轮，以及铝合金与钢化玻璃等材料的大量应用，都是现代风格家具的常见装饰手法，给人带来前卫、不受拘束的感觉，组合柜上造型时尚简单的饰品因其纯净的色彩也使空间多了几分时尚元素（图2-48）。

**图2-46** 删繁就简设计

在设计中不需要繁琐的装潢和过多家具，在装饰与布置中最大限度地体现空间与家具的整体协调。造型方面多采用几何结构，这就是现代简约主义时尚风格。

**图2-47** 高纯度色彩运用

在空间运用大量的高纯度对比色彩，彰显出个性化设计。

**图2-48** 前卫色运用

多功能组合柜充当了造型设计，拱形的镶嵌式收纳柜，展现出设计的不凡。

| 图2-46 | |
|---|---|
| 图2-47 | 图2-48 |

**图2-49** 线条组合设计

整个空间中采用简单的线条组合，造型别致的金属灯具与金属门框，形成简单舒适的客厅

**图2-50** 个性化空间设计

在设计中以功能布局为出发点，在设计中讲究不对称设计与个性化设计。

图2-49 | 图2-50

### 2. 简洁、实用的个性化空间

由于线条简单、装饰元素少，现代风格家具需要完美的软装配合，才能显示出美感。例如，沙发需要靠垫、餐桌需要餐桌布、床需要窗帘和床单陪衬，软装到位是现代简约风格家具装饰的关键。

一张沙发一个茶几一个电视柜，简单的线条，简单的组合，再加入超现实主义的无框画、金属灯罩、个性抱枕以及玻璃杯等简单的元素，就构成一个舒适简单的客厅空间（图2-49）。

### 3. 多功能的个性化空间

一张沙发、一个茶几、一个酒柜的客厅却显得相当的繁华热闹。沙发对面的墙，用红砖图案的壁纸与几块原木搭建了一个壁炉景致，墙上一个层架，可以几幅风景画，一些饰品让整面墙更为生动，再加上一盆绿色植物与茶几上仙人掌花束，空间的自然感就更强烈了。沙发与茶几自身就具有很强的多功能性，板木结合的材质，有实木的自然朴实，亦有板式家具的简洁明快（图2-50）。

### ★ 补充要点

利用色彩增大空间：

家居设计中尽量使空间增大，利用色彩的特征营造出自己需要的空间效果，利用色彩的反射作用使整个空间感觉更亮堂、更扩大。采用绿色给人宁静、松弛之感。借用外景，大自然的美景不仅使人心情舒畅，更可扩大住宅空间感。

在材料的选择上，选择无毒或少毒的材料，强调设计以人为本，以人的健康为设计目的。尽可能采用天然材料，充满大自然的气息。例如采用松木和杉木，给住宅空间增添一种田园气息。在住宅空间引入一些绿色植物、水，也是很不错的。

## 第三节  自然设计风格

自然风格常运用天然的木、石、藤、竹等材质质朴的纹理,在住宅空间环境中力求表现悠闲、舒畅、自然的田园生活情趣。不仅仅是以植物摆放来体现自然元素,而是从空间本身、界面的设计乃至风格意境里所流淌的最原始的自然气息,来阐释风格的特质(图2-51、图2-52)。自然风格又称"乡土风格""田园风格""地方风格",提倡"回归自然"。主张用木材、织物、石材等天然材料本身的纹理,力求表现舒畅、质朴的情调,营造自然、高雅的居室氛围。

### 一、田园风格

田园风格是通过装饰装修表现出田园气息,不过这里的田园并非农村的田园,而是一种贴近自然,向往自然的风格。田园风格倡导"回归自然",美学上推崇"自然美",认为只有崇尚自然、结合自然,才能在当今高科技、快节奏的社会生活中获取生理和心理的平衡。因此,田园风格力求表现悠闲、舒畅、自然的田园生活情趣(图2-53、图2-54),展现出朴实,亲切,实在特征。

#### 1. 特点

田园风格的朴实是众多选择此风格装修者最青睐的一个特点,因为在喧哗的城市中,人们真的很想亲近自然,追求朴实的生活,田园生活就应运而生了。喜欢田园风格的人大部分都是低调的人,懂得生活,懂得生活来之不易。田园风格之所以称为田园风格,是因为田园风格表现的主题以贴近自然,展现朴实生活的气息。

**图2-51** 自然风格设计(一)

通过对石材表面质感的展现与摆放植物,表现出清新脱俗的意境。

**图2-52** 自然风格设计(二)

通过对地砖石材、沙发布艺、家具木材的纹理展现,营造出自然、高雅的空间氛围。

**图2-53** 田园风格设计(一)

在设计中追求自然美,将自然绿植、天然木材运用到住宅空间中,打造自然舒适的田园生活。

**图2-54** 田园风格设计(二)

在客厅中大量使用绿植、雕窗、木质家具,打造出朴实轻松的居室氛围。

| 图2-51 | 图2-52 |
|--------|--------|
| 图2-53 | 图2-54 |

田园风格分类

| 南亚田园风格 | 中式田园风格 | 法式田园风格 | 美式乡村风格 | 美式田园风格 | 欧式田园风格 |

图2-55
图2-56 图2-57
图2-58 图2-59

**图2-55** 田园风格分类

**图2-56** 欧式田园风格

客厅中大量使用碎花元素，精美的吊灯造型别致，绿植散发着勃勃生机。

**图2-57** 碎花元素运用

墙壁采用碎花壁纸，座椅上也采用了花色相近的布艺软包，与整体风格形成一致。

**图2-58** 装饰画美化空间

客厅在设计中以装饰画、碎花布艺作为主要元素，贯穿在整个空间设计中。

**图2-59** 运用家具装点空间

在英式田园风格中，台灯、梳妆台、休闲椅是必不可少的物件，对开门的衣柜更具有古朴气息。

### 2. 分类

田园风格因其表现的主题以贴近自然，展现朴实生活的气息，田园风格包括很多种，有欧式田园、英式田园、美式乡村、法式田园、中式田园、南亚田园等（图2-55）。

（1）欧式田园风格。设计上讲求心灵的自然回归感，给人一种扑面而来的浓郁气息。把一些精细的后期配饰融入设计风格之中，充分体现设计师和住宅使用者所追求的一种安逸、舒适的生活氛围。这个客厅大量使用碎花图案的各种布艺和挂饰，欧式家具华丽的轮廓与精美的吊灯相得益彰。墙壁上也并不空寂，壁画和装饰的花瓶都使它增色不少（图2-56），鲜花和绿色的植物也是很好的点缀（图2-57）。

（2）英式田园风格。英式田园风格家具以高档的桦木、楸木等做框架，配以高档的环保中纤板做内板，优雅的造型，细致的线条和高档油漆处理。成人床多配以70cm左右高的床头柜和床尾凳方便起居，看空间大小配以恰当大小的衣柜来收放衣物。还有必备的梳妆台，靠窗处可配一休闲椅和小方几，闲时品一杯香浓的咖啡，是一个不错的选择，造型优雅的田园台灯是必不可少的配角（图2-58、图2-59）。

**图2-60** 木质隔断设计

客厅与餐厅之间采用低矮的木质隔断设计，做简单的功能分区，采用同款地砖不同铺贴工艺来达到视觉分区，在空间上属于风格一致的整体空间。

**图2-61** 深色家具运用

与厨房相连的餐厅在设计风格上一致，选用深色家具，烘托出朴实自然的气氛。

**图2-62** 中式装饰

木、石、竹等材质在住宅空间中形成天然的质感，绿色的盆栽与花束展现出再燃气息。

**图2-63** 中式家具

在家具上去除精美的雕花，还原家具原本的风貌，木材的质感立即显现出来。

| 图2-60 | 图2-61 |
|--------|--------|
| 图2-62 | 图2-63 |

（3）美式乡村风格。美式田园风格又称为美式乡村风格，属于自然风格的一支，倡导"回归自然"，在住宅空间环境中力求表现悠闲、舒畅、自然的田园生活情趣（图2-60），设置住宅空间绿化，创造自然、简朴、高雅的氛围。美式田园风格有务实、规范、成熟的特点。餐厅基本上都与厨房相连（图2-61），厨房的面积较大，操作方便、功能齐全。

（4）中式田园风格。中式田园风格的基调是丰收的金黄色，尽可能选用木、石、籐、竹、织物等天然材料装饰。软装饰上常有藤制品、绿色盆栽、瓷器、陶器等摆设。中式风格的特点在住宅空间布置、线形、色调以及家具、陈设的造型等方面突出，以传统文化内涵为设计元素，去掉多余的雕刻，糅合现代西式家居的舒适，根据不同户型的居室，采取不同的布置（图2-62、图2-63）。

（5）法式田园风格，数百年来经久不衰的葡萄酒文化，自给自足，自产自销的法国后农业时代的现代农庄模式对法式田园风格影响深远。法国人轻松惬意，与世无争的生活方式，使得法式田园风格具有悠闲、小资、舒适而简单、生活气息浓郁的特点。

图2-64 | 图2-65
图2-66 | 图2-67

**图2-64** 法式田园风格

在色彩上，红、黄、蓝三种颜色在住宅空间里相互融合，整个空间具有法式的浪漫情怀。

**图2-65** 南亚田园风格

南亚田园风格的家具选用柚木材质，表面光亮整洁，加上棉麻织物搭配，打造出简朴高雅的家居环境。

**图2-66** 空间构图设计

现代自然风格的家具造型简洁大方，家具材质更注重质感与整体搭配效果，深受大众喜爱。

**图2-67** 现代自然风格设计

"黑白灰"色彩在现代自然风格中应用广泛，在视觉上给人时尚、个性化的感受。

其中最明显的特征是家具的洗白处理及配色上的大胆鲜艳。洗白处理使家具流露出古典家具的隽永质感，黄色、红色、蓝色的色彩搭配（图2-64），则反映丰沃、富足的大地景象。而椅脚简化的卷曲弧线及精美的纹饰也是优雅生活的体现。

（6）南亚田园风格。家具风格显得粗犷，但平和而容易接近。材质多为柚木，光亮感强，也有椰壳、藤等材质的家具。做旧工艺多，并喜做雕花。色调以咖啡色为主。用料崇尚自然，砖、陶、木、石、藤、竹，越自然越好（图2-65）。

在织物质地的选择上多采用棉、麻等天然制品，其质感正好与乡村风格不饰雕琢的追求相契合，有时也在墙面挂一幅毛织壁挂，表现的主题多为乡村风景。田园风格的居室还要通过绿化把居住空间变为"绿色空间"，如结合家具陈设等布置绿化，或者做重点装饰与边角装饰，还可沿窗布置，使植物融于居室，创造出自然、简朴、高雅的氛围。

## 二、现代简约风格

现代简约风格具有简单实用的特点，其装饰体现功能性和理性原则。在简约的设计风格中，可以感受到个性的构思。色彩经常以棕色系列（浅茶色、棕色、象牙色）或灰色系列（白色、灰色、黑色）等中间色为基调色；材料一般用人造装饰板、玻璃、皮革、金属、塑料等，用直线表现现代的功能美（图2-67）。

## 第四节　住宅空间风格设计案例

### 一、北欧风格设计

这是一套内部面积在62m²左右的户型，包含有客餐厅、厨房、书房、卧室各一间，卫生间两间，并一处阳台。这套户型仅有一间卧室，对于三口之家来说有些拥挤，行走通道也稍显狭窄。设计要求增加卧室，扩大行走空间。因此，这次设计采用了简洁时尚的北欧风格设计，让拥挤的空间简洁明亮（图2-68～图2-71）。

**图2-68** 北欧风格设计

拆除厨房两侧墙体，使之形成开放式格局，一方面可以扩大厨房空间感，另一方面也可以增强客厅开阔感。拆除书房一侧的墙体，使之与客厅在视觉上成为一个既独立又统一的整体。移动卧室门洞的位置，并取其横向长度的中间值，在此处新建墙体，将原始卧室一分为二。

**图2-69** 艺术吊灯设计

由于餐厅面积很小，选用垂挂型的艺术吊灯更适合整体风格设计，这种灯具的灯光比较集中，且艺术吊灯具有一定的美观性，可以为小餐厅增添更多情调。

**图2-70** 铁艺书架展示

面积较小且空高不是特别高的开放式书房不建议设置书柜，选择简约的铁艺书架会更好，既可以放置书籍，也不会显得过于沉重。

**图2-71** 书房空间设计

书房书桌的背面恰好可以为客厅沙发提供支撑点，且无形中将客厅和书房独立开来，但又不浪费任何空间，书房与客厅均以白色为主，色调干净且清新。整体主色调以"黑白灰"为主，以"蓝、黄、粉"三色点亮空间设计元素。

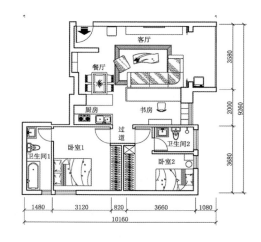

| 图2-68 | |
|---|---|
| 图2-69 | 图2-70 |
| 图2-71 | |

## 二、混搭风格设计

这是一套内部面积在70m²左右的户型，包含有客餐厅、厨房、书房各一间，卧室两间，卫生间两间，并一处过道和两处阳台。这套户型分区较多，客餐厅面积适中（图2-72）。设计要求满足个性化需求，对空间的功能性与艺术性设计并存。

客餐厅采光面积较小。在设计上要求能最大限度的利用墙体，不做多余的柜体设计。业主对室内的风格没有固定要求，设计师可自由发挥（图2-73～图2-76）。

**图2-72** 空间布局设计

拆除厨房靠近餐台一侧的墙体，扩大厨房门洞空间，增强厨房开阔感，同时玻璃门的通透性也更好。将卧室靠近客厅一处的部分墙体向内凹，预留出放置电视的空间，使壁挂电视与电视背景墙处于同一水平线。

**图2-73** 多功能书房设计

深度为280mm的置物架一直做到了顶面，最大程度的利用了垂直空间，榻榻米具有比较好的实用性。

**图2-74** 餐厅装饰墙设计

以塑料彩盘制作而成的餐厅背景墙，虽造型比较简单，但却颇具艺术感。

**图2-75** 嵌入式电视背景墙设计

将电视机嵌入墙体，整个墙面十分平整。此外，绿色墙面与浅绿色地毯也遥相呼应，显得空间内各部件愈发融洽。

**图2-76** 儿童房功能性设计

卧室空间较小，但却依旧需要书桌的，可以选择造型比较简单，偏向于现代简约风的书桌，这类书桌具备一定的基础功能，能满足基本工作需要。

| 图2-72 | |
|---|---|
| 图2-73 | 图2-74 |
| 图2-75 | 图2-76 |

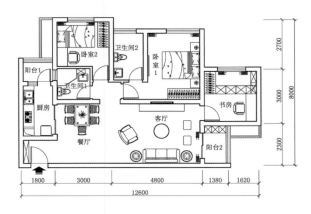

## 本章小结

住宅空间设计风格是贯穿整个室内空间的设计元素，能够将整个空间的主题汇聚在一起。在本章节中，十分详细的将空间设计风格与设计技巧进行图解，同时结合优秀的室内风格设计案例，将本章知识进行回顾与巩固，更加深刻认识到设计风格对住宅空间设计的重要性。

# 第三章

# 住宅空间设计技巧

**识读难度：** ★★★☆☆

**核心要点：** 设计原则、问题、组合、序列、功能

**章节导读：** 住宅空间设计可以分为公共空间和居家空间两大类别。当我们提到住宅空间设计时，同时会提到的还有动线、色彩、照明、隔断、功能等相关的重要术语（图3-1）。因此，在住宅空间设计中，运用一定的设计技巧，能够帮助设计师营造出良好的装饰氛围。

**图3-1** 卧室空间设计

住宅设计需要遵循一定的设计原则与设计尺寸界限，才能打造出更好居住体验，设计师在进行空间设计时，需要严格遵守设计原则与职业道德，设计出更多优秀的作品。

# 第一节　住宅空间设计原则

## 一、空间设计原则

### 1. 舒适性原则

好的环境能够换得一天的好心情。随着人们对生活要求的提高，住宅空间的舒适性直接关乎着人们的生活质量。在影响舒适性的因素中，住宅的朝向是一个关键因素，设计时应该尽量争取使一个或多个卧室朝向为南，这样可以得到较多的日照并能使空气流通通畅（图3-2）。

同样，根据各个房屋的性质及其与环境的关系，合理布置位置，既保证生活的私密性又能满足生活的便利性。同时对空间形状的长、宽、高比例要选择适中，既避免太小产生压迫感，又不要使房屋尺寸太大而造成空旷感。

### 2. 功能性原则

住宅空间存在着多个功能区，所以需要合理划分区域来满足不同的使用要求和功能。使静与动、私密性与开放性在设计中得到妥善地处理。做到公私分离、动静分区，确保住宅居住舒适、功能良好发挥。同时使过道通畅，减少干扰，提高住宅空间综合利用率（图3-3）。

★ 补充要点

住宅空间的功能：

在住宅设计中，功能作为内容的一个主导方面，确实对形式的发展起着推动的作用，但也不能否认空间形式也有着反作用。一种新的空间形式的出现，不仅适应新的功能要求，还会反过来促使功能朝着新的高度发展。随着我国经济和文化的发展，人们对居住环境的要求也越来越高，如何满足人们居住生活的要求才是关键。

图3-2 ｜ 图3-3

**图3-2** 舒适性设计

对于居住者来说，在卧室空间设计中，良好的采光与透气性能够让身处其中的人感到身心舒畅。

**图3-3** 功能性设计

合理的功能分区有利于住宅空间内动静分明，空间内的走向流畅。而通过有效的功能区划分，能让卧室与客厅、卫浴与厨房等私密性、开放性空间更受关注，让人感觉到安心。

**图3-4 小面积客厅**

小面积客厅能够营造出温馨、舒适的空间，通过对色彩与光源的设计，得到良好的视觉效果，而小面积的客厅在装修时耗费的时间与材料较少。

**图3-5 采光效果好的客厅**

采光好的客厅白天无需开灯就能够获取较好的采光，能够减少不必要生活费用开销。

**图3-6 防腐木隔断**

防腐木隔断被广泛应用于客厅与餐厅，玄关与客厅之间的隔断，在视觉上将两个不同功能的空间进行划分，达到隔而不离的效果。

**图3-7 展示柜隔断**

展示柜隔断是住宅设计中常见的隔断方式，具有良好的美观性与功能性，也是住宅空间中的一道风景线。

| 图3-4 | 图3-5 |
|-------|-------|
| 图3-6 | 图3-7 |

**3. 经济性原则**

要明确各个房屋的性质，对房屋面积要根据其功能进行合理分配。客厅是日常生活的主要地点，考虑其功能性其面积应最大，而卫生间仅是一个卫生场所，按其性质来说对面积要求不高。合理经济的选择是营造一种小巧、温馨、亲密的空间氛围（图3-4）。

同时节能也是至关重要的，对于房屋朝向的处理关乎着家庭经济效益，由于客厅是家庭生活的核心，对采光要求较高（图3-5），客厅朝南可保证良好的采光。

**4. 灵活性原则**

对住宅空间进行组合时，要按照不同时期、不同住户的需求对其灵活性重组和分隔。在设计当中可以将某些功能区连接或是合并。在不影响房屋整体结构稳定的前提下，尽量减少固定的实体墙，这样就会使房屋空间变得开敞而不封闭。可以在使用过程中根据功能的变化而改变空间的尺寸及形态，使其满足灵活隔断和多用途的功能要求（图3-6、图3-7）。

## 5. 适度原则

住宅空间的氛围主要由空间尺度、色彩选择以及格调布局来决定的，也就是装修风格与空间大小，不同的装修风格带来不同的居住体验。

空间尺度的选择要以人为核心，选择合适的相对高度，过高则会使人感到冷漠而过低又会压抑人的精神（图3-8）。人的心理会随色彩的不同产生不同的变化，要使色彩调和适中不单调枯燥（图3-9），与住宅空间环境谐调。

## 6. 美观性原则

美观性原则是指居室的装饰要具有艺术性，特别是要注意体现个性的独特审美情趣（图3-10）。要根据自家居室的大小、空间、环境、功能，以及家庭成员的性格、修养等诸多因素来考虑，只有这样才能显现出个性的美感来。

不同个性、不同修养、不同爱好、不同层次的人，对居室"美观"的评价是不会完全一致的，但同时也有默契和共识。居室装饰美化的原则，就实质来说，是个性美和共性美的一种辩证统一，既不失掉个性审美追求，又将共识性的审美观通过个性美的追求体现出来。

图3-8 ｜ 图3-9
图3-10

**图3-8** 空间尺度适中设计

层高适中的室内空间让人感觉到舒适，没有来自顶面的压迫感。

**图3-9** 色彩调和设计

通过对室内色彩之间的调和，给人一舒适的心理感受。

**图3-10** 美观性设计

设计师要在满足大众审美的前提下，与客户产生共同的审美观念，一个不被大众接受的设计作品，客户必然不会为此买单。

## 二、影响空间布局因素

影响住宅空间布局形式的主要因素有房屋的开口、合围，以及分隔空间的方式，由于前者因素受建筑结构的限制无法轻易更改。因此，后者因素是我们在住宅空间设计中所研究得最多的因素。通过在住宅空间划分出多个区域功能空间，随着组合方式的不同，其使用性质发生改变。而在住宅空间组成中的家具，通常起着分隔功能区的重要作用（图3-11、图3-12）。

## 三、住宅空间设计要点

在厨卫设计方面，设计中为考虑到洗衣机和冰箱等大件物，导致活动空间受到限制，无法固定摆放大件物，此外排污、废气等高效设施还未得到有效改进，造成了很大居室污染。这些问题都需要设计师逐个突破，为居住者带来良好的居住体验。

### 1. 分清空间层次

在处理平面与立体交叉空间、动静空间、食寝空间、卧室私密性等矛盾的基础上，创造安全卫生、舒适、安逸的居住环境。住宅空间如起居室、餐厅、晒台、卫生间、厨房带凉台、杂物储藏间等闹区是住宅核心部位，它关系到住宅的层次性和使用效果（图3-13、图3-14）。

图3-11 | 图3-12
图3-13 | 图3-14

**图3-11** 家具布局展示

通过水平方向布置家具，对厨房空间进行合围，整个空间中以操作台为主线向周围发散。

**图3-12** 家具组合设计

将起居室与厨房餐厅进行划分布局，为了加强整体空间的联系，在设计中没有采用传统的隔墙方式，而是以壁炉的形式来装饰、分隔空间，打造半开放式的室内空间。

**图3-13** 层次感设计（一）

通过厨房操作台来分隔厨房与餐厅空间，在一个大空间中实现小空间的职能与作用。

**图3-14** 层次感设计（二）

厨房面积狭小，通过玻璃门将厨房与餐厅进行有效区分，同时将洗手台移出厨房，植入在餐厅边角部位，有效弥补了厨房面积不足的问题。

**图3-15** 采光性

好的居住空间在一天中接受太阳照射的时间长，光线与日照充足。

**图3-16** 通风性

好的空间能够实现室内外空气对流，室内空气质量高，舒适性更高。

图3-15 | 图3-16

**2. 采光与通风**

住宅空间中的采光性与通风性是影响居住的重要条件，在设计住宅时要充分利用光、风等天然能源，合理设计空间布局，使住宅拥有更好的自然采光以及通风（图3-15、图3-16）。

**3. 让空间具有美感**

让空间具有美感的设计手法多样，不仅有"瘦、透、挑、叠"等传统手法，还有由传统演变而来的"放、移、收"等现代手法。作品也造型各异，有稳如宝塔者，亦有险如蘑菇或树枝者，但是无论如何设计都必须以建筑设计规范为准则。

**4. 设计空间的安全性**

对空间的各方面与经济要求的矛盾联系都要认真处理，如消防疏散、安全、如何排放设计管道、栏杆的安全防护、住宅的防水性、隔热保温性以及施工造价等都要综合考虑，认真对待。对住宅的抗震性、防震性都要十分重视，对结构的承重、安全以及整体的钢性都要认真对待，并采取各项措施予以保障。

# 第二节　空间组合设计

## 一、围合与分隔

住宅空间设计中的空间组合时，围合是一种基本的空间分隔方式和限定方式。一说到围，总有一个内外之分，而它至少要有两个方向的面才能成立；而分隔是将空间再划分成几部分。有时围合与分隔的要素是相同的，围合要素本身可能就是分隔要素，或分隔要素组合在一起形成围合的感觉。

在这个时候，围合与分隔的界限就不那么明确了。如果一定要区分，那么对于被围起来的内部，即这个新的"子空间"来说就是"分隔"了。

在住宅空间，利用各种材料要素再围合成再分隔，可以形成一些小区域并使空间有层次感，既能满足使用要求，又给人以精神上的享受（图3-17、图3-18）。

例如，中国传统建筑中的"花罩"和"屏风"就是典型的分隔形式，把空间分为书房、客厅以及卧室等几部分，既划分了区域也装饰了住宅空间（图3-19、图3-20）。

### 1. 绝对分隔

这种分隔方法使空间界限异常分明，以实体墙面分隔空间（图3-21），达到隔离视线、温湿度、声音的目的，形成独立的一个空间，具有很强的私密性。

### 2. 相对分隔

相对分隔通过屏风、隔断等，使空间不是完全封闭的状态（图3-22），具有一定流动性，空间界限不是十分明确。这种分隔方式形成的领域感和私密性不如绝对分隔来的强烈。

**图3-17** 玻璃隔断

玻璃隔断具有良好的透光性与视觉效果。

**图3-18** 木质隔断

木质隔断在室内应用广泛，雕花的样式增添了室内氛围。

**图3-19** 花罩

花罩是传统室内中用来分隔空间的手法，精美的雕花让整个空间就有浓郁的书香气息。

**图3-20** 屏风

屏风在中式风格的住宅空间中设计较多，能够帮助设计师营造风格，彰显风格。

**图3-21** 绝对分隔

将一个空间划分为两个完全独立的空间，两者之间具有较强的私密性。

**图3-22** 相对分隔

通过半隔断的形式来划分空间，没有明确的空间分隔线。

| | |
|---|---|
| 图3-17 | 图3-18 |
| 图3-19 | 图3-20 |
| 图3-21 | 图3-22 |

**图3-23** 隔断式家具

家具意向分隔是利用家具的摆放层次,以水平视觉分隔为主。

**图3-24** 绿化设计

利用大面积的绿植来分隔室内空间,实现视觉上的分隔效果。

**图3-25** 覆盖式空间设计

能够软化整个空间的硬度感,让整个空间产生柔和氛围。其次,轻盈的纱幔与布艺窗帘在视觉上能够感觉到轻柔,减少家具上的棱角带来的坚硬感觉。

图3-23
图3-24
图3-25

### 3. 意向分隔

意向分隔是室内分隔中常见的象征性分隔,主要是通过非实体的局部界面进行象征性的心理暗示,形成一定的虚拟领域场所,以实现视觉心理上的领域感。具体手法如下。

(1)建筑结构与装饰构架。利用建筑本身的结构和内部空间的装饰构架进行分隔,以简练的点线要素组成通透的虚拟界面。

(2)隔断与家具。利用隔断和家具分隔,具有较强的领域感。隔断以垂直面分隔为主;家具以水平面的分隔为主(图3-23)。

(3)水体与绿化。通过不同造型的水体与绿化的分隔,不但能美化扩大空间感,并划分出一定区域,还能使人亲近自然的心理得到一定满足(图3-24)。

(4)界面凹凸与高低。利用墙面的凹凸与地面、天花吊顶的高低变化进行分隔,使空间带有一定的展示性和领域感,富有戏剧效果和浪漫情调。

(5)陈设与装饰。利用陈设和装饰分隔,使空间具有较强的向心感,容易形成视觉重心。

(6)光色与材质。利用色彩的明度,纯度变化,材质的光滑粗糙对比,照明的配光形式区分,实现领域感的形成。

## 二、覆盖

住宅空间设计中的空间组合当中,在自然空间中进行限定,只要有了覆盖就有了住宅空间的感觉。四周围得再严密,如果没有顶的话,虽有向心感,但也不能算是住宅空间。在自然空间里有了覆盖就可以挡住阳光和雨雪,就使内外部空间有了质的区别。

在住宅空间里,用覆盖的要素进行限定,可以有许多心理感受。例如在空间较大时,人离屋顶距离远,感觉不那么明确,就在局部再加顶,进行再限定。

例如,在床的上部设幔帐,尺度更加宜人,心理感觉也很惬意。有时为了改变原来屋顶给人的视感,也可以用不同的形式或材料重新设置覆盖物(图3-25)。在住宅空间设覆盖物还可使人心理有种室外的感觉。

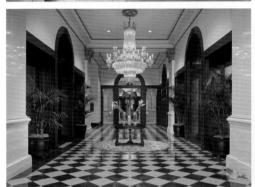

**图3-26** 下凹设计

设计师将家庭的起居室中，把一部分地面降低，沿周边布置沙发，使家的亲切感更强，更像一个远离喧嚣的悠闲领域。

**图3-27** 抬起设计

抬起式空间设计能够区分一个空间内的多个功能分区，抬起来的地面成为整个空间的重心。

**图3-28** 铺设石材

通过在大面积的地砖中小面积的变化表面颜色与造型，制造出不同的肌理变化。

**图3-29** 铺设地毯

客厅地面一般为地砖或地板装饰，通过铺设小面积的地毯来改变视觉效果。

| 图3-26 | 图3-27 |
|--------|--------|
| 图3-28 | 图3-29 |

## 三、抬起与下凹

在住宅空间设计中使用空间组合时，这种限定是通过变化地面高差来达到限定目的，使限定过的空间在母空间中得到强调，或与其他部分空间加以区分。对于在地面上运用下凹的手法（图3-26）限定来说，效果与低的围合相似，但更具安全感，受周围的干扰也较小。因为地本身就不太引人注目，不会有众目睽睽之感，特别是在公共空间中人在下凹的空间中心理上会比较自如和放松。

抬起与下凹相反，可使这一区域更加引人注目（图3-27），像教堂中的讲坛和歌厅中的小舞台就是为了位置更加突出，以引起人们的视觉注意。在住宅空间中，同室外空间不同的，就是这些手法不仅可在地面上做文章，也可以在墙面或顶面上出现。

## 四、肌理变化

对住宅空间的限定来说，肌理变化是较为简便的组合方法。以某种材料为主，局部换另一种材料，或者在原材料表面进行特殊处理，使其表面枝干发生变化，如抛光、烧毛等，都属于肌理变化。有时不同材料肌理的效果可以加强导向性和功能的明确性，不同材料肌理的运用也可以影响空间效果，而且用肌理变化还可组成图案作为装饰。

在住宅空间的空间再限定往往是多次的，也就是同时用几种限定方法对同一空间进行限定，例如在围合的一个空间中又加上地面的肌理变化如石材（图3-28）、地毯（图3-29）等，同时顶部又进行了覆盖或下吊等，这样可以使这一部分的区域感明显加强。

住宅空间设计中的空间组合里，空间的分隔和联系，是住宅空间设计的重要内容。分隔的方式，决定了空间之间的联系程度，分隔方法则在满足不同的分隔要求的基础上，创造出美感、情趣和意境。

# 第三节 案例分析——住宅空间设计

## 一、小户型空间设计

这是一套内部面积在55m²左右的户型，包含有客餐厅、厨房、卫生间各一间，卧室两间，一处过道，一处阳台。这套小户型整体格局不错，客餐厅面积也比较大，不足之处便是厨房与卫生间的面积过于狭小，不便于日常生活。设计要求能有更大的采光空间和存储空间（图3-30～图3-35）。

图3-30 | 图3-31
图3-32 | 图3-33
图3-34 | 图3-35

**图3-30** 原始结构图

厨房空间比较狭长，采光面积较小，拆除厨房处的多余墙体；客餐厅与阳台处于同一水平位置上，拆除阳台门框处的多余墙体，可以有效的扩大客餐厅的视觉通透感。

**图3-31** 空间布置图

安装通透性更好，开合更省空间的玻璃推拉门，营造明亮的烹饪空间。还可以选择封闭阳台，将阳台门两边的可拆除墙体敲掉后，可以安装符合设计风格的门套，既能起到观赏的效果，也能将阳台与客餐厅合二为一，同时也能根据需要灵活的改变空间布局。

**图3-32** 客厅选用木地板设计

客厅选择了色系比较居中的原木色木地板，不论是白色方形茶几，还是木色藤椅，都与地面交相呼应。阳台拆除墙体之后，配上浅色的棉麻窗帘，整个空间也变得越发明亮。

**图3-33** 家具质感设计

客厅是待客的重要之处，棉质的沙发手感和坐感更佳，沙发背景墙上的几幅绿植插画和麋鹿，清新、自然，既和客厅设计氛围相匹配，色调也比较素雅，适合小户型家居使用。

**图3-34** 卧室功能设计

卧室三面刷白墙，独留一面浅灰色墙面，一方面可以中和白墙带来的单调感和视觉困乏感，另一方面搭配木色的地板也能使卧室显得不那么空洞，以免影响睡眠质量。

**图3-35** 餐厅采光设计

餐厅整体以白色为主，为了增大采光面积，增强空间明亮感，四面粉刷白色乳胶漆，搭配浅木色的餐桌和白色的铁艺吊灯，整个空间简洁而明亮。

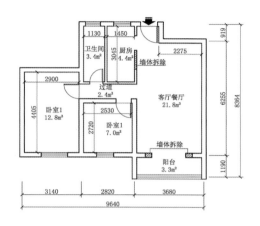
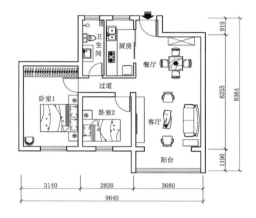

**图3-36** 装饰画美化空间

装饰画作为沙发背景墙，整体色调比较清新，与沙发、毛毯等形成一个视觉对比。

**图3-37** 家具组合设计

原木色的木地板搭配深灰色的毛毯，配上灰色棉麻沙发，视觉上就能给人一种无比舒适的感觉。

**图3-38** 餐桌与酒柜设计

餐厅设置酒柜，将装饰摆件、照片等放置其中，营造餐厅视觉氛围。

**图3-39** 暖色灯光设计

暖色的艺术吊灯加深了用餐氛围，桌面上的绿色摆件与瓷白色的餐具交相辉映，增强用餐气氛。

## 二、空间组合设计

这是一套内部面积在65m²左右的户型，包含客餐厅、厨房、卫生间、书房、储物间各一间，卧室两间，一处过道，一处阳台。空间内分区较多，适合三口之家。设计要求有更多的储物空间，空间整合后要能满足基本的生活需求（图3-36～图3-41）。

### ★ 小贴士

空间的明暗效果：

明是实，暗是虚，它可以是构成物的采光、亮度、阴影部分，也可以是物体表面的装饰色彩，还可以使物体对材料反光形成的效果。采光强、反光鲜明、色彩鲜艳的设施，因其色彩醒目而形成明的实的效果；采光弱、阴影多、反光差、色泽深沉的设施不醒目，因而具有隐退的感觉，形成暗的虚效果。

| 图3-36 | 图3-37 |
| --- | --- |
| 图3-38 | 图3-39 |

**图3-40** 存储与美化设计

主卧空间比较大，储物间在改造之后，摇身变为时尚的衣帽间，增大了卧室储物空间，但整体色调依旧比较素雅，偶有黄色抱枕和其他色系的艺术摆件装饰空间，但也不会显得空间单调。

**图3-41** 色彩与灯光组合设计

次卧面积较小，满墙衣柜能最大限度的存储衣物，可以在床单和抱枕等软装配饰的色彩上做文章，室内灯光一般选择暖色系，比较助眠。

图3-40
———————
图3-41

## 本章小结

  本章通过对住宅空间的设计原则、组合设计、序列设计进行详细地介绍与讲解，让读者理解空间设计的重要元素。空间设计原则能够帮助设计师在设计过程中有章可循，不会感觉到迷茫。组合设计与序列设计能够催生出更多的创意设计，激发设计师的创意思维。

# 第四章

# 空间采光与照明设计

**识读难度：** ★★★★★

**核心要点：** 采光、通风、采光方式、照明方式

**章节导读：** 住宅空间采光设计旨在提升用户的舒适度和幸福感。人们会以多种方式对光线做出反应，通过认识和感受（而非光度值）来体验光线。所以，优秀的设计方案是微妙的、多面的。采光设计需要考虑到人体对采光的依赖、营造欢愉和乐趣、创造出"空间"，以及住宅空间对其周围环境的影响（图4-1）。

**图4-1** 室内空间采光设计

室内采光除了自然光源之外，还可以借助照明设备来弥补自然光源的不足之处，从而达到良好的采光效果。

## 第一节　自然采光设计

太阳光是取之不尽的源泉，太阳光无时无刻不在改变之中，并将变化的天空色彩、光层和气候传送到它所照亮的表面和形体上去。白天太阳光作为住宅空间采光，通过墙面上的窗户进入房间，使房间内的色彩增辉、质感明朗（图4-2）。由太阳光产生的光影图案变化使房间的空间活跃，清晰明朗地表达了住宅空间的形体。

光和影对于家居装饰有润色作用，使住宅空间充盈艺术韵味和生活情趣（图4-3）。自然采光通常是将住宅空间对自然光的利用，称为"采光"。日光照明的历史和建筑本身一样悠久，但随着方便高效的电灯的出现，日光逐渐为人们所忽视。

采光可分为直接采光和间接采光，直接采光指采光窗户直接向外开设；间接采光指采光窗户朝向封闭式走廊（一般为外廊）、直接采光的厅、厨房等开设，有的厨房、厅、卫生间利用小天井采光（图4-4），采光效果如同间接采光。

图4-2 ｜ 图4-3
图4-4

**图4-2** 自然采光设计
太阳光是住宅空间白天采光的重要方式，光亮带来的光影效果为室内增添了活跃的气氛。

**图4-3** 室内光影效果
自然光带来的光影效果，烘托出室内设计的艺术性与创造性。

**图4-4** 间接采光设计
卫生间一般位于采光较弱的位置，为了增加空间的采光亮度，采用间接采光的方式提供足够的光亮。

**图4-5** 自然采光方式

不同的采光方式得到的光照效果不一，设计师根据不同空间的功能进行合理采光设计。

**图4-6** 侧面采光设计

这是目前住宅空间中的重要采光方式，建筑施工员根据室内空间面积来设计窗户的大小，保证空间内光照充足。

**图4-7** 落地窗设计

整面落地窗带来的采光与室外的景观十分良好，但还有不少家庭选择采用分段式安装方式，这种落地窗的后期维修与保养更为方便，采光性也非常不错。

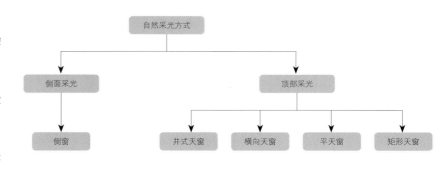

图4-5

图4-6 │ 图4-7

## 一、自然采光方式

在建筑的维护结构上开设的各种形式的洞口，装上各种透光材料，形成某种采光的形式。按采光形式可分为侧面采光与顶部采光（图4-5）。

### 1. 侧面采光

侧面采光是在住宅空间的墙面上开的一种采光口的形式，在建筑上也称侧窗。侧窗的形式通常是长方形，具有构造简单，光线具有明显的方向性，且易开启、防雨、透风、隔热等优点。侧窗一般置于1m左右的高度。有些较大型的住宅空间将侧窗设置到2m以上，称之为高侧窗。从照度的均匀性来看，长方形采光口在住宅空间所形成的照度比较均匀（图4-6）。

★ 小贴士

落地窗：

一般窗户在地板面上先垒一定高度的墙，然后安装窗户。落地窗是尽量增加窗户的高度，使窗户直接固定在地板面上，这种窗户就叫落地窗。落地窗面积多数占用一堵墙的面积，使其可视面是所有类型窗户中最大者。无论人站在客厅，还是卧室，都可以通过落地窗看到外面的景观。落地窗外若是个人花园则可以达到放松目的，绿色植物多次观赏则有助于减轻观赏者的精神负担，使人身心愉悦（图4-7）。落地窗符合现代人的建筑理念和对建筑美观性的要求。

### 2. 顶部采光

顶部采光是在建筑物的顶部结构设置采光口的一种形式，即我们平时所说的天窗。天窗一般有矩形天窗、平天窗、横向天窗、井式天窗等（图4-8~图4-11）。顶部采光的最大特点是采光量均匀分布，对临近住宅空间没有干扰，常用于大型住宅空间。

## 二、新采光技术

充分利用天然光，为人们提供舒适和健康的天然光环境，传统的采光手段已无法满足要求，新的采光技术的出现主要是解决以下三方面的问题。

首先是解决大进深建筑内部的采光问题。由于建设用地的日益紧张和建筑功能的日趋复杂，建筑物的进深不断加大，仅靠侧窗采光已不能满足建筑物内部的采光要求。

其次是提高采光质量。传统的侧窗采光，随着太阳光的照射方向，住宅空间照度逐渐降低。

最后是解决天然光的稳定性问题。天然光的不稳定性一直都是天然光利用中的一大难点所在，通过日光跟踪系统的使用，可最大限度地捕捉太阳光，在一定的时间内保持住宅空间较高的照度值（图4-12、图4-13）。目前新的采光技术可以说层出不穷，它们往往利用光的反射、折射或衍射等特性，将天然光引入，并且传输到需要的地方。

**图4-8** 矩形天窗

矩形天窗是阁楼采光的重要来源，由于阁楼带有坡度，矩形天窗能够解决阁楼无窗的尴尬境地。

**图4-9** 平天窗

平天窗是呈水平状态，与顶面平行的窗户，能够多方位接受太阳光，但是需要做好防水设计。

**图4-10** 横向天窗

横向天窗具有采光面大，效率高，光线均匀等优点。横向天窗可以有效避免室内西晒的问题。

**图4-11** 井式天窗

井式天窗常应用于地下室的采光设计，由于地形限制采光不足，井式天窗能够有效解决这一问题。

**图4-12** 太阳光局限性

由于太阳光的不稳定性与多变性，让室内采光受到局限。

**图4-13** 日光跟踪系统应用

日光跟踪系统能够自动根据日光进行跟踪，且结构简单，成本低，无需人工看守与干预，就可达到良好的室内采光。

| 图4-8 | 图4-9 |
|---|---|
| 图4-10 | 图4-11 |
| 图4-12 | 图4-13 |

**图4-14** 灯管照明

现代照明灯管形态。

**图4-15** 照明展示

照明灯管展示效果，烘托室内居住氛围。

图4-14 | 图4-15

**★ 补充要点**

自然光优势：

　　光是建筑空间得以呈现、空间活动得以进行的必要条件之一。尽管目前人工光已经普遍应用于建筑住宅空间照明，但是自然光仍然具有人工照明无法替代的优势。

　　首先，人眼在自然环境中辨认能力强，舒适度好，不易引起视觉疲劳，有利于视觉健康。

　　其次，通过自然采光的亮度强弱变化、光影的移动，在住宅空间生活的人们可以感知昼夜的更替和四季的循环，有利于心理健康。

　　最后，充分利用自然光有利于建筑节能。另外，在建筑设计中，通过自然光的光影变化可以塑造出不同的效果。

## 第二节　人工照明设计

　　照明指的是使用各种光源（人工的如灯泡，或自然的日光）来照亮特定的场所或环境。现代人工照明主要使用电力照明装置，而过去使用的则是煤气灯（瓦斯灯）、蜡烛、油灯等，是利用各种光源照亮工作和生活场所或个别物体的措施。利用太阳和天空光的称"天然采光"；利用人工光源的称"人工照明"。照明的首要目的是创造良好的可见度和舒适愉快的环境（图4-14、图4-15）。

### 一、人工照明概念

　　人工照明措施为创造夜间建筑物内外不同场所的光照环境，补充白昼因时间、气候、地点不同造成的采光不足，以满足工作、学习和生活的需求。人工照明除必须满足功能上的要求外，有些以艺术环境观感为主的场合，如大型门厅、休息室等，应强调艺术效果。因此，不仅在不同场所的照明（如工业建筑照明、公共建筑照明、室外照明、道路照明、建筑夜景照明等）上要考虑功能与艺术效果，而且在灯具(光源、灯罩及附件之总称)、照明方式上也要考虑功能与艺术的统一。

★ 小贴士

人工照明基本概念：

光通量。人的眼睛所能感觉到的辐射能量。每一波段的辐射能量与该波段相对视见率之乘积的总和。单位符号为lm。

照度。射到一个表面的光通量密度，符号为lx。一盏40W白炽灯的光通量约为340lm；一盏40W的荧光灯光通量为1700～1900lm。

## 二、节能灯

俗称的"节能灯"正式名称为紧凑型三基色稀土节能荧光灯（图4-16、图4-17），由于其具备光效高、光衰小、寿命长等特点，成为新一代节能照明产品的佼佼者，在绿色照明推广中起着举足轻重的作用。它与普通白炽灯相比，在达到相同照度情况下，是白炽灯效率的5倍，寿命是白炽灯的8倍，节电率高达80%。

## 三、绿色照明

在人类对地球温室效应和环境保护的高度重视下，"绿色照明"概念步入了我们的生活。"绿色照明"源于20世纪90年代。由于全球面临能源和生态危机，节约能源和保护环境成为人们的共识。1991年1月美国环保局(EPA)首先提出实施"绿色照明"和推进"绿色照明工程"的概念，很快得到联合国的支持，并受到许多发达与发展中国家的重视。各国积极响应，纷纷采取相应的政策和措施，来推进绿色照明工程的实施。"绿色照明"概念由此得到全世界的认同。

图4-16 | 图4-17

**图4-16** 节能灯
节能灯外观展示，造型更加新颖别致。

**图4-17** 节能灯管
节能灯管细节展示，具有节能、亮度充足的优势。

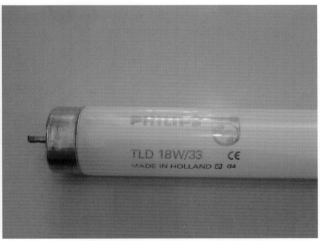

## 四、照明灯具分类

### 1. 风格

灯具风格有中式、欧式、中东式、韩式、现代风和古典风。现在业内流行一个新的名词叫后现代，就是从现代风格演变过来的一种新风格。有很强的现代感，但又和以前的现代有本质的区别（图4-18~图4-21）。

### 2. 种类

吊灯、落地灯、台灯、吸顶灯、筒灯、壁灯都是属于住宅空间中的照明形式（图4-22~图4-27）。具有一定的装饰性和观赏性，在此也将划分为灯饰。

| 图4-18 | 图4-19 |
|--------|--------|
| 图4-20 | 图4-21 |
| 图4-22 | 图4-23 |

**图4-18** 现代风格照明设计

采用的灯具光源大多为白色，灯具造型大多以金属色为主。

**图4-19** 中式照明设计

照明灯具造型与风格一致，暖色光源更好的衬托出家具的厚重感。

**图4-20** 欧式风格照明设计

采用大型的水晶吊灯，气势磅礴。

**图4-21** 后现代风格照明设计

照明灯具造型奇特、抽象，简单的线条衬托出设计感。

**图4-22** 吊灯

吊灯是客厅与餐厅空间中的照明方式。

**图4-23** 落地灯

落地灯适用于起居室与书房使用，能够补充光照。

**图4-24** 台灯

台灯能够作为局部光源使用,补充局部光源不足的问题。

**图4-25** 吸顶灯

吸顶灯是卧室与卫浴空间常用的照明灯具。

**图4-26** 筒灯

筒灯可作为局部展示光源,具有良好的照明效果。

**图4-27** 壁灯

壁灯是卧室常见的照明设计,同时也可以作为庭院中廊下灯使用。

**图4-28** 装饰性灯具

注重空间的装饰性能时,可选用具有艺术气息、造型多变的灯具。

**图4-29** 实用性灯具

注重空间的实用功能时,可选用造型简单、外观颜色深的灯具。

| 图4-24 | 图4-25 |
|--------|--------|
| 图4-26 | 图4-27 |
| 图4-28 | 图4-29 |

### 3. 材质

灯具的材质有水晶、云石、玻璃、铜、锌合金、不锈钢、亚克力(塑胶和塑料)等,在设计制作时这些材料是共用的。应根据自己的实际需求和个人喜好来选择灯具的样式。

首先,注重灯的实用性,就应挑选黑色、深红色等深色系镶边的灯具,而若注重装饰性又追求现代化风格,那就可选择活泼点的灯饰。如果是喜爱民族特色造型的灯具,则可以选择雕塑工艺落地灯(图4-28、图4-29)。

其次，灯具的大小要结合住宅空间的面积（图4-30、图4-31）、家具的多少及相应尺寸来配置。如12m²以下的小客厅宜采用直径为200mm以下的吸顶灯或壁灯，灯具数量、大小应配合适宜，以免显得过于拥挤。在15m²左右的客厅，应采用直径为300mm左右的吸顶灯或多叉花饰吊灯，灯的直径最大不得超过400mm。在挂有壁画的两旁安上射灯或壁灯衬托，效果会更好。

最后，灯具的色彩应与家居的环境装修风格相谐调（图4-32），居室灯光的布置必须考虑到住宅空间家具的风格、墙面的色泽、家用电器的色彩等，否则灯光与居室的整体色调不一致，反而会弄巧成拙。比如住宅空间墙纸的色彩是浅色系的，就应以暖色调的白炽灯为光源，这样就可营造出明亮柔和的光环境。

图4-30 | 图4-31
图4-32

**图4-30** 小客厅灯具选择

低于12m²以下的客厅可以采用吸顶灯与壁灯设计。

**图4-31** 大客厅灯具选择

高于12m²以上的客厅可采用造型多样化的吊灯，光影效果更好。

**图4-32** 灯具色彩选择

选择灯具应与家庭装修风格相谐调，与家具色彩、墙地面色彩，以及家用电器色彩达到整体上的谐调。

**图4-33** 艺术灯具

艺术灯具有良好的灯光效果，优美的外观造型为空间设计增添魅力。

**图4-34** 人工照明设计

人工照明设计应注意避免眩光、光照过强等问题。

图4-33 | 图4-34

## 五、照明要求和分类

选择造型美观的灯具，保证一定的照度、适宜的亮度分布和防止眩光的产生（图4-33）。考虑人工照明时，应注意解决眩光的问题，通常采用加大灯具保护角、控制光源不外露等方法作为防止产生眩光的措施（图4-34）。此外，还可以采取提高光源的悬挂高度、选用间接照明和漫射照明等减弱眩光的措施。

### ★ 补充要点

如何选购灯具：

装饰灯具在选择上相对比较随意，目前市面上装饰灯具琳琅满目，款式众多。家居装修时，不同家庭可以根据自己的装修风格进行搭配，比如现在很多家庭喜欢水晶灯、日式风格灯、美式风格灯等。另外，还有一些特殊造型的灯具也可以选择，从照明效果看，装饰灯具主要用于装饰，因此有些灯尽管非常好看，但是其功能性相对较差，选择时一定要考虑使用功能。

## 六、灯具类型

在设计过程中，住宅空间灯具的设计与选择是住宅空间光环境的重要环节，处理不好就会影响整个住宅空间的光环境质量。因此，选择灯具类型是住宅空间设计过程中不容忽视的环节。

**图4-35** 吊灯

吊灯为客厅空间的主要照明方式。

**图4-36** 吸顶灯

吸顶灯一般安装在卧室、卫浴空间。

**图4-37** 嵌入灯

嵌入灯作为补充型灯光照明设备,能够弥补主灯照射不足的地方。

**图4-38** 壁灯

相对于其他照明设备大多安装在顶面,壁灯因其安装在墙面上而得名。

**图4-39** 台灯

台灯便利性强,随手开关方便省事,可作为床头灯、书桌灯。

**图4-40** 轨道灯

轨道灯在近几年应用于家庭装修设计中,照明性能良好。

**图4-41** 灯具选择与空间风格相符设计

灯具在选择时根据住宅空间的设计风格选定。

**图4-42** 灯具大小与空间大小

灯具的大小与造型应当根据空间大小来决定。

| 图4-35 | 图4-36 | 图4-37 |
|--------|--------|--------|
| 图4-38 | 图4-39 | 图4-40 |
| 图4-41 | | 图4-42 |

### 1. 灯具形式

通常情况下住宅空间设计中灯具的形式有吊灯、吸顶灯、嵌入灯、壁灯、地灯和台灯、轨道灯,以及其他灯具(图4-35~图4-40)。

### 2. 灯具选择

由于现代照明工业的迅速发展和生产技术的进步,灯具的种类和样式日新月异,因此对灯具的选择也是极为重要的问题。首先应着眼于住宅空间整体的造型风格、色调、环境气氛的需要(图4-41)。

其次,选择灯具要重视机能与实效。再次,要考虑灯具与住宅空间体量和尺度的关系,做到相宜得体。灯具是光环境的细胞,光环境又是整个设计的精髓,为此,对住宅空间光环境的各个层次,都要综合、整体进行设计(图4-42)。

★ 小贴士

灯具安全：

客厅灯具、厨房灯具、卧室灯具等最少也有4盏以上，家庭装修中灯具安装都是要认真考虑的，因为要长期使用并且不能轻易损坏，不然会影响到家庭生活。

在危险性较大及特殊危险场所，当灯具距地面高度小于2.4m时，应使用额定电压为36V及以下的照明灯具或采取保护措施。灯具不得直接安装在可燃物件上。

当灯具表面高温部位接近可燃物时，应采取隔热、散热措施。在变电所内，高压、低压配电设备及母线的正上方，不应安装灯具。室外安装的灯具，距地面的高度不宜小于3m；当在墙上安装时，距地面的高度不应小于2.5m。

## 第三节　案例分析——空间采光与照明

### 案例一：空间采光设计

这是一套内部面积在63㎡左右的户型，虽然面积不是非常大，但胜在分区细致。在设计中，业主要求保留所有的采光入口，保持整个室内空间的通风性与采光性。同时，能不隔断就不做隔断，让空间看起来更宽阔。

另外，要增强整个空间的照明设计，保证整个住宅空间的亮度需求。在这一次住宅空间设计中设计师利用自己的所学知识，将业主的需求融入这套装修设计中（图4-43～图4-51）。

对于中等面积的客厅而言，电视背景墙可以成为很好的储物空间，在电视背景墙的两侧设置同样的储物柜，既具有实用性，也富有美观性。

**图4-43** 客厅自然采光设计

客厅的落地窗能够满足客餐厅在白天的采光需要，即使是阴雨天，亮度也足够一家人正常活动。

**图4-44** 客厅人工照明设计

客厅没有采用吊灯或大型灯具，简单的吸顶灯设计，与空间设计风格更符合。

**图4-45** 餐厅照明设计

在餐厅的正上方，设计师采用了吊灯设计，能够更好的将视线集中在餐桌上。

**图4-46** 吊灯与餐厅空间

吊灯光源能够更均匀的打在餐桌上，促进就餐氛围，加上周围的射灯设计，整个空间的光线充足。

图4-43 ｜ 图4-44
图4-45 ｜ 图4-46

**图4-47** 采光与通风设计

由于卫生间处于卧室的角落，通风性与采光性较差，采用整面玻璃墙设计能够增强浴室的光线，同时，卧室是私密空间，外人无法进入，即使到晚上不开浴室灯，房间灯的亮度也足够照亮整个空间。

**图4-48** 功能分区与采光设计

小高度的台阶可以在无形中进行功能分区，此处餐厅设立有木质隔墙，木质台阶同时也是小型的抽屉柜，功能性和实用性都十分好。由于书房需要安静，设计师采用了隐形门设计，可满足业主的多样化需求。

**图4-49** 壁灯设计

壁灯设计在客厅沙发背景墙两侧，既是装饰客厅的工艺品，也能够为客厅增加照明。

**图4-50** 补充光源设计

由于过道灯集中在右侧，左边的书柜使用时的光线不够充足，在书柜上方增加一台轨道灯，能够有效解决这个问题。

**图4-51** 轨道灯设计

在这次的设计中，并没有像传统过道设计一样，直接在过道顶面正中间设计光源，而是采用轨道灯的形式，将光源打在一侧墙壁，避免光源直接打在人身上。

**图4-52** 引进自然光源

在厨房空间中，将室外光线引入室内，通过大面积的玻璃窗，来实现空间内的采光与通风。例如洗手台、灶台重要部位，通过吊灯、射灯、隐藏式灯带等形式，让烹饪更加安全、便捷。

| 图4-47 | 图4-48 | |
|---|---|---|
| 图4-49 | 图4-50 | 图4-51 |
| | 图4-52 | |

**案例二：空间照明设计**

这是一套内部面积在62m²左右的户型，包含有客餐厅、厨房、卫生间、书房、卧室、储物间各一间，并一处过道。这套户型客餐厅和卧室面积都较大，满足日常需要，采光通道也比较多，通风良好。设计要求完善功能分区，以满足业主的生活需要（图4-52～图4-60）。

图4-53
图4-54　图4-55
图4-56　图4-57
图4-58

**图4-53** 人工光源设计

拆除厨房门洞周边非承重墙，拆除门洞，改变厨房开门方式，安装通透性更好，开合更省空间的推拉门，营造明亮的烹饪环境。

**图4-54** 餐厅家具设计

为了营造良好的就餐环境，设计师特别选用了实木餐桌椅，呈现餐厅最简单的功能——就餐。

**图4-55** 餐厅灯光设计

黑色的吊灯外观、暖色光源与家具三者之间形成良好的就餐氛围，从视线上进行良好的功能分区。

**图4-56** 客厅电视背景墙设计

由于电视背景墙没有做装饰设计，整个墙面显得单调，设计师在背景墙左侧采用了镜面设计，能够有效舒缓空间的寂寥感，具有良好的光影效果。

**图4-57** 客厅采光设计

由于整个一体式客餐厅具有十分充足的采光性，客厅并没有设计大型的灯具，只设计了简单的射灯来满足日常照明需求。

**图4-58** 衣帽间采光设计

拆除衣帽间门洞及其垂直方向上的墙体，并用玻璃隔断代替，同时沿着衣帽间横向方向，在卧室内设立卫生间，创造更便捷的生活方式。

**图4-59** 镜前灯设计

在浴室设计中，设计师特意加入了镜前灯设计，柔和的光线更舒适。

**图4-60** 通风设计

拆除卫生间门洞，和厨房一样安装更具有特色的双扇移门，以此扩大卫生间的通风量，增加卫生间内部空间，便于放置更多洗漱用品。

图4-59 | 图4-60

## 本章小结

　　采光与照明设计作为室内设计的核心要点，影响着居住者的生活。在本章中，通过对住宅空间中的采光、照明、通风这三大设计的概括，通过实际案例比较，将这三大设计要素融入空间设计中，设计出令客户满意的作品。

# 第五章
# 空间色彩搭配设计

**识读难度：** ★★★★★

**核心要点：** 配色、种类、原则、视觉、特征

**章节导读：** "色彩搭配"这一理念在20世纪末才开始传入中国。近年来"色彩搭配"已经风靡了中国的大江南北，不仅对于人们的穿衣打扮有了指导，还促进商业企业的新型营销，提高城市与建筑的色彩规划水平，改善全社会的视觉环境都起到了重要的推动作用。本章从空间色彩搭配的角度出发，对室内空间中的色彩搭配作出了详细讲解（图5-1）。

**图5-1** 空间色彩设计

色彩让住宅空间更加绚丽多彩，充满生机，给居住者带来好心情。

## 第一节　色彩视觉设计

### 一、色彩种类

丰富多样的颜色可以分成无彩色系和有彩色系两大类，有彩色系的颜色具有三个基本特性：色相、纯度、明度。在色彩学上也称为色彩的三大要素或色彩的三属性，饱和度为0的颜色为无彩色系。

#### 1. 无彩色系

无彩色系（图5-2）是指白色、黑色和由白色黑色调和形成的各种深浅不同的灰色。无彩色按照一定的变化规律，可以排成一个系列，由白色渐变到浅灰、中灰、深灰到黑色，色度学上称此为黑白系列。黑白系列中由白到黑的变化，可以用一条垂直轴表示，一端为白，一端为黑，中间有各种过渡的灰色。纯白是理想的完全反射的物体，纯黑是理想的完全吸收的物体。

而在现实生活中并不存在纯白与纯黑的物体，颜料中采用的锌白和铅白只能接近纯白，煤黑只能接近纯黑。无彩色系的颜色只有一种基本性质——明度。它们不具备色相和纯度的性质，也就是说它们的色相与纯度在理论上都等于零。色彩的明度可用黑白度来表示，越接近白色，明度越高；越接近黑色，明度越低。黑与白作为颜料，可以调节物体色的反射率，使物体色提高明度或降低明度。

#### 2. 有彩色系

有彩色系（图5-3）是指红、橙、黄、绿、青、蓝、紫等颜色。不同明度和纯度的红橙黄绿青蓝紫色调都属于有彩色系。有彩色是由光的波长和振幅决定的，波长决定色相，振幅决定色调。

### 二、色彩的基本特性

有彩色系的颜色具有三个基本特性：色相、纯度（也称彩度、饱和度）、明度。在色彩学上也称为色彩的三大要素或色彩的三属性。

**图5-2** 无彩色系明度表

排列顺序从左至右，颜色由浅到深。

**图5-3** CCS色相环

CCS色相环上有红、橙、黄、绿、青、蓝、紫等颜色。

**图5-4** 色相圈

色相圈由基础颜色即红、橙、黄、绿、青、蓝、紫七种颜色按照光谱的顺序排列而成。在色相圈中可以充分了解到原色、间色、冷色、暖色等之间的关系。

图5-2

图5-3 ｜ 图5-4

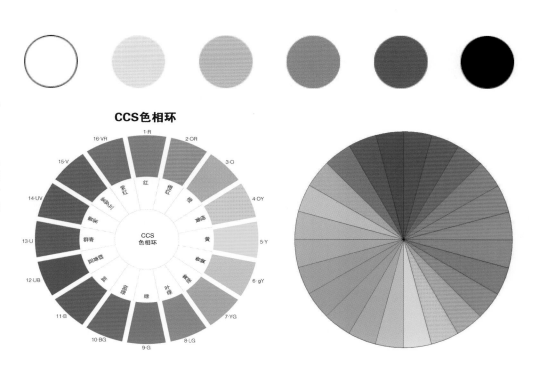

CCS色相环

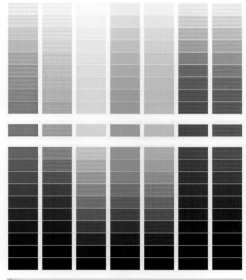

图5-5
图5-6
图5-7

**图5-5** 色彩明度表
显示出色彩在不同反射光下的色彩明暗关系。

**图5-6** 明度设计（一）
色彩明度高的室内设计展示。

**图5-7** 明度设计（二）
色彩明度低的室内设计展示。

### 1. 色相

色相是有彩色的最大特征（图5-4），是指能够确切地表示某种颜色色别的名称，如玫瑰红、桔黄、柠檬黄、钻蓝、群青。从光学物理上讲，各种色相是由射入人眼光线的光谱成分决定的。

对于单色光来说，色相的面貌完全取决于该光线的波长；对于混合色光来说，则取决于各种波长光线的相对量。物体的颜色是由光源的光谱成分和物体表面反射（或透射）的特性决定的。

### 2. 纯度

色彩的纯度是指色彩的纯净程度（图5-5），它表示颜色中所含有色成分的比例。含有色彩成分的比例越大，则色彩的纯度越高，含有色成分的比例越小，则色彩的纯度越低。可见光谱的各种单色光是最纯的颜色，为极限纯度。

当一种颜色掺入黑、白或其他彩色时，纯度就产生变化。当掺入的色达到很大的比例时，在眼睛看来，原来的颜色就失去本来的光彩，而变成掺和的颜色了。当然这并不等于说在这种被掺和的颜色里已经不存在原来的色素，而是由于大量的掺入其他彩色而使得原来的色素被同化，人的眼睛已经无法感觉出来了。有色物体色彩的纯度与物体的表面结构有关。如果物体表面粗糙，其漫反射作用将使色彩的纯度降低；如果物体表面光滑，那么，全反射作用将使色彩比较鲜艳。

### 3. 明度

明度是指色彩的明亮程度，各种有色物体由于它们的反射光量的区别而产生颜色的明暗强弱。色彩的明度有两种情况。

一是同一色相不同明度。如同一颜色在强光照射下显得明亮，弱光照射下显得较灰暗模糊；同一颜色加黑或加白掺和以后也能产生各种不同的明暗层次。

二是各种颜色的不同明度。每一种纯色都有与其相应的明度。黄色明度最高，蓝紫色明度最低，红、绿色为中间明度。色彩的明度变化往往会影响到纯度，如红色加入黑色以后明度降低了，同时纯度也降低了；如果红色加白则明度提高了，纯度却降低了。

有彩色的色相、纯度和明度这三大特征是不可分割的，应用时必须同时考虑这三个因素。

色彩给人的感觉有冷暖，兴奋与沉静，膨胀与收缩。色彩的冷暖感被称为色性。红、黄、橙等色相给人的视觉刺激强，使人联想到暖烘烘的太阳、火光，感到温暖，所以称为暖色。青色、蓝色使人联想到天空、河流、阴天，感到寒冷，所以称为冷色。冷暖感，凡明度高、纯度高的色调又属偏红、橙的暖色系，均有兴奋感。

凡明度低、纯度低，又属偏蓝、青的冷色系，具有沉静感。兴奋与沉静感，同一面积、同一背景的物体，由于色彩不同，给人造成大小不同的视觉效果。凡色彩明度高的，看起来面积大（图5-6），有膨胀的感觉。凡明度低的色彩，看起来面积小（图5-7），有收缩的感觉。

图5-8
图5-9 | 图5-10

**图5-8** 色彩视觉

色彩给人们带来多样化的视觉感受。

**图5-9** 暖色设计

色彩暖色设计能够让人感觉到温馨舒适。

**图5-10** 冷色设计

色彩冷色设计让人感觉到清冷、平静。

★ **补充要点**

**主体色彩:**

主体色彩是决定画面色调走向的主要色彩,它可能是画面面积最大的一块色彩,也可能是画面纯度最高、最引人注目的一块色彩。主体色的主要作用体现在画面上其他色彩都要以它为中心而展开,依据主体色的纯度、明度调整自身的色彩,共同形成统一和谐的画面色调。

### 三、色彩视觉特征

色彩是能引起空间设计与居住者之间的共鸣,是最有表现力的要素之一。色彩能给人带来多样化的感受,以视觉感受为例,色彩能给人带来冷暖感、轻重感、软硬感、前后感、大小感(图5-8)。

**1. 色彩的冷暖感**

色彩本身并无冷暖的温度差别,是视觉色彩引起人们对冷暖感觉的心理联想。

(1)暖色:人们见到红、红橙、橙、黄橙、红紫等色后,马上联想到太阳、火焰等物像,产生温暖、热烈、危险等感觉(图5-9)。

(2)冷色:人们见到蓝、蓝紫、蓝绿等色后,则很易联想到太空、冰雪、海洋等物像,产生寒冷、理智、平静等感觉(图5-10)。

色彩的冷暖感觉,不仅表现在固定的色相上,而且在比较中还会显示其相对的倾向性。黄绿、蓝、蓝绿等色,使人联想到草、树等植物,产生青春、生命、和平等感觉;紫、蓝紫等色使人联想到花卉、水晶等稀贵物品,故易产生高贵与神秘感;至于黄色,一般被认为是暖色,因为它使人联想起阳光、光明等,但也有人视它为中性色。当然,同属黄色相,柠檬黄显然偏冷,而中黄则感觉偏暖。

### 2. 色彩的轻重感

色彩的轻重感主要与色彩的明度有关。明度高的色彩使人联想到蓝天、白云、彩霞及花卉，还有棉花、羊毛等，产生轻柔、飘浮、上升、敏捷、灵活等感觉。明度低的色彩易使人联想钢铁、大理石等物品，产生沉重、稳定、降落等感觉（图5-11、图5-12）。

### 3. 色彩的软硬感

色彩软硬感的感觉主要来自色彩的明度，但与纯度也有一定的关系。明度越高感觉越软，明度越低则感觉越硬。明度高、纯度低的色彩有软感，中纯度的色彩也呈柔感，因为它们易使人联想起骆驼、狐狸、猫、狗等动物的皮毛，还有毛呢、绒织物等。高纯度和低纯度的色彩都呈硬感，如它们明度又低则硬感更明显（图5-13、图5-14）。色相与色彩的软、硬感几乎无关。

### 4. 色彩的前后感

由各种不同波长的色彩在人眼视网膜上的成像有前后，红、橙等光波长的色在后面成像，感觉比较迫近，蓝、紫等光波短的色则在外侧成像，在同样距离内感觉就比较后退。

实际上这是视错觉的一种现象，一般暖色、纯色、高明度色、强烈对比色、大面积色、集中色等有前进感觉，相反，冷色、浊色、低明度色、弱对比色、小面积色、分散色等有后退感觉。

### 5. 色彩的大小感

由于色彩有前后的感觉，因而暖色、高明度色等有扩大、膨胀感，冷色、低明度色等有显小、收缩感。

**图5-11** 色彩轻重感（一）

明度高的住宅空间设计让人感觉空间具有灵动性。

**图5-12** 色彩轻重感（二）

明度低的住宅空间设计让人感觉到钢铁般的稳定感。

**图5-13** 色彩软硬感（一）

色彩明度越高感觉越软。

**图5-14** 色彩软硬感（二）

色彩明度越低则感觉越硬。

| 图5-11 | 图5-12 |
|--------|--------|
| 图5-13 | 图5-14 |

★补充要点

色彩视觉感受：

色彩的华丽、质朴感。色彩的三要素对华丽及质朴感都有影响，其中纯度关系最大。明度高、纯度高的色彩，丰富、强对比色彩感觉华丽、辉煌。明度低、纯度低的色彩，单纯、弱对比的色彩感觉质朴、古雅。但无论何种色彩，如果带上光泽，都能获得华丽的效果。

色彩的活泼、庄重感。暖色、高纯度色、丰富多彩色、强对比色感觉跳跃、活泼有朝气，冷色、低纯度色、低明度色感觉庄重、严肃。

色彩的兴奋与沉静感。其影响最明显的是色相，红、橙、黄等鲜艳而明亮的色彩给人以兴奋感，蓝、蓝绿、蓝紫等色使人感到沉着、平静。绿和紫为中性色，没有这种感觉。

## 第二节　空间配色设计

### 一、配色定义

配色就是在红、黄、蓝三种基本颜色的基础上，配出令人喜爱、符合色卡、色差、经济要求，并在加工、使用中不变色的色彩。另外塑料着色还可赋予塑料多种功能，如提高塑料耐光性和耐候性；赋予塑料某些特殊功能，如导电性、抗静电性，即通过配色着色还可达到某种应用上的要求。

### 二、配色原理

颜色的种类非常多，不同的颜色会给人不同的感觉。红、橙、黄给人感到温暖和欢乐，因此称为"暖色"（图5-15）；蓝、绿、紫给人感到安静和清新，因此称为"冷色"（图5-16）。颜色可以互相混合，将不同的原来颜色混合，产生不同的新颜色，混合方法分为以下几种。

颜色色料混合一般应用红、黄，蓝三种颜色色料互相混合。红色可让红色波长透过，吸收绿色及其附近的颜色波长，令人感受到红色。黄色、蓝色也是同样道理。当黄、蓝混合时，黄色颜料吸收短的波段，蓝色颜料吸收长的波段，剩下中间绿色波段透过，令人们感受到绿色。

同样，红、黄混合时剩下560nm以上较长的波段透过而成为橙色。红、蓝色混合一起，成为紫色。以红、黄、蓝为原色，两种原色相拼而成的颜色称为间色，分别有橙、绿、紫；由两

图5-15 ｜ 图5-16

**图5-15** 暖色配色设计
以红、橙、黄为主的色彩配色，给人温暖、舒适的感受。

**图5-16** 冷色配色设计
以蓝、绿、紫为主的色彩配色，给人安静、舒缓的感受。

**图5-17** 色调配色设计

通过多种色彩进行组合，形成良好的配色效果。

**图5-18** 对比配色设计

通过对比色进行搭配，在视觉上形成明度对比。

**图5-19** 近似配色设计

通过相邻色相进行配色，形成稳定的色彩。

**图5-20** 渐进配色设计

通过对同种色彩明度进行调和，形成渐进配色。

| 图5-17 | 图5-18 |
| --- | --- |
| 图5-19 | 图5-20 |

种间色相拼而成的称为复色，分别有橄榄、蓝灰、棕色。此外，原色或间色也可混入白色和黑色调出深浅不同的颜色。在原色或间色加入白色便可配出浅红、粉红、浅蓝、湖蓝等颜色；若加入不同分量的黑色，便可配出棕、深棕、黑绿等不同颜色。

## 三、色彩搭配方法

### 1. 色调配色

色调配色是指具有某种相同性质（冷暖调、明度、纯度）的色彩搭配在一起（图5-17），色相越全越好，最少也要三种色相以上。比如，同等明度的红、黄、蓝搭配在一起。大自然的彩虹就是很好的色调配色。

### 2. 对比配色

对比配色是利用色相、明度或纯度的反差进行搭配，有鲜明的强弱对比（图5-18）。其中，明度的对比给人明快清晰的印象，可以说只要有明度上的对比，配色就不会太失败。比如，红配绿、黄配紫、蓝配橙等。

### 3. 近似配色

选择相邻或相近的色相进行搭配。这种配色因为含有三原色中某一共同的颜色，所以很谐调。因为色相接近，所以也比较稳定，如果是单一色相的浓淡搭配则称为同色系配色（图5-19）。

### 4. 渐进配色

按色相、明度、纯度三要素之一的高低依次排列颜色。特点是即使色调沉稳，也很醒目，尤其是色相和明度的渐进配色。彩虹既是色调配色，也属于渐进配色（图5-20）。

### 5. 单重点配色

让两种颜色形成大面积的反差。"万绿丛中一点红"就是一种单重点配色。其实，单重点配色也是一种对比，相当于一种颜色做底色，另一种颜色做图形（图5-21）。

### 6. 分隔式配色

如果两种颜色比较接近，看上去不分明，可以靠对比色加在这两种颜色之间，增加强度，整体效果就会很谐调了（图5-22）。最简单的加入色是无色系的颜色和米色等中性色。

## 四、色彩搭配原则（表5-1）

表5-1　　　　　　　　　　色彩组合搭配设计原则

| 色调 | 图例 | 色调 | 图例 |
|---|---|---|---|
| 冷色＋冷色 | | 中间色＋中间色 | |
| 暖色＋暖色 | | 暖色＋中间色 | |
| 纯色＋杂色 | | 冷色＋中间色 | |
| 纯色＋图案 | | 纯色＋纯色 | |

## 第三节  空间配色技巧

色彩是富有感情且充满变化的。大胆选用喜爱的颜色来打破一成不变的白色调，就能使住宅空间出色动人（图5-23）。在房间的布色中要有几个重点，如墙面、地面、天花板等面积比较大的地方，要用浅色调做底色。特别是天花板，如果选用较重的颜色会给人屋顶很低的感觉。

住宅空间的装饰品、挂饰等面积小的物品，可用与墙面、地面、天花板的色调对比的颜色，显得鲜艳，充满生气，在装饰品的选择上应尽量体现主人的个性（图5-24）。色彩是相对而言的，因此并没有十分精确的标准，但都要与家中整体风格相一致。

### 一、色彩搭配原则

具有"阳光味"的黄色调会给人的心灵带来暖意（图5-25），向北或向东开窗的房间可尝试运用；看惯了统一的色调，不如采用活泼的色彩组合，粉红色配玫瑰白（图5-26），搭配同样色系组合的窗帘、沙发、靠垫，委婉而多情；而冷灰色通常给人粗糙、生硬的印象。

在宽敞且光线明媚的房间，大胆选用淡灰色（图5-27），反而会显得白色家具更为素净高雅。可以穿插一些讨人喜欢的颜色，一瓶鲜花，一组春意盎然的靠垫，使房间多了一分生机与活力；蓝色有平缓情绪的作用，非常适合富有理智感的人选择。大面积的蓝色运用，反而会使房间显得狭小而黑暗，穿插一些纯净的白色（图5-28），会让这种感觉有所缓和。

**图5-23** 住宅空间配色展示（一）

色彩搭配的好坏，对于房间的整体风格有很大的影响。

**图5-24** 住宅空间配色展示（二）

整个房间的基调是由家具、窗帘、床单等组成的，色调可与墙面形成对比。

**图5-25** 黄色调居室设计

黄色调的空间设计，给人温暖的感觉。

**图5-26** 粉白色居室设计

粉色调的空间设计，在视觉上给人活泼的感觉。

**图5-27** 冷灰色居室设计

为使房间不过于轻浮，选择黑色的铁艺沙发、角柜，甚至门板与画框，再甜蜜的气氛中张显成熟的个性。

**图5-28** 蓝色居室设计

蓝色具有让人冷静的作用，让人心情平缓。

| 图5-23 | 图5-24 |
|--------|--------|
| 图5-25 | 图5-26 |
| 图5-27 | 图5-28 |

## 二、配色注意事项

空间配色不得超过三种，其中白色、黑色不算在内；金色、银色可以与任何颜色相陪衬，金色不包括黄色，银色不包括灰白色；在没有设计师指导的情况下，家居最佳配色灰度是：墙浅，地中，家私深；厨房不要使用暖色调，黄色色系除外；不使用深绿色的地砖；坚决不要把不同材质但色系相同的材料放在一起，否则，在色彩搭配上会有一半的机会犯错。想制造明快现代的家居味，不要选用带有花纹图案的印花，尽量使用素色的设计；天花板的颜色必须浅于墙面或与墙面同色。

当墙面的颜色为深色时，天花板必须采用浅色。天花板的色系只能是白色或与墙面同色系（图5-29、图5-30）；空间非封闭贯穿的，必须使用同一配色方案；不同的封闭空间，可以使用不同的配色方案。

## 三、经典色彩搭配

色彩搭配是服装搭配的第一要素，家居装饰中也是如此。当考虑装扮住宅空间时，一开始就要有一个整体的配色方案，以此确定装修色调、家具、饰品的选择。

### 1. 蓝+白=浪漫温情

用白+蓝的配色，给人的感觉就像希腊的小岛上，所有的房子都是白色，但天空是淡蓝的，海水是深蓝的，把白色的清凉与无瑕表现出来，这样的白，令人感到十分的自由（图5-31），好像是属于大自然的一部分，令人心胸开阔，居家空间似乎像海天一色的大自然一样开阔自在。

### 2. 黑+白=现代简约

黑加白可以营造出强烈的视觉效果，而近年来流行的灰色融入其中，缓和黑与白的视觉冲突感觉（图5-32），从而营造出另外一种不同的风味。三种颜色搭配出来的空间中，充满冷调的现代与未来感。在这种色彩情境中，由简单产生出理性、秩序与专业感。

**图5-29** 浅色系室内设计（一）

在一般的住宅空间设计中，都会将颜色限制在三种之内。

**图5-30** 浅色系室内设计（二）

设计师熟悉更深层次的色彩关系，用色可能会超出三种，但一般只会超出一种或两种，色彩感强但不会感觉杂乱。

**图5-31** 浪漫温情设计

蓝+白的客厅设计清新，大方，又不失品位。

**图5-32** 现代简约设计

黑+白的客厅设计营造出视觉对比效果，显得黑白分明。

| 图5-29 | 图5-30 |
|--------|--------|
| 图5-31 | 图5-32 |

**图5-33** 现代复古设计（一）

蓝色与橙色之间碰撞出现代与复古的视觉盛宴，具有强烈对比效果。

**图5-34** 现代复古设计（二）

可以通过将色彩进行色度变化，弱化空间对比效果，减轻色彩对视线的冲击力。

**图5-35** 客厅色彩设计（一）

墙面上的光泽色与地面地毯之间形成呼应，加上布艺装饰搭配，整个空间时尚又不失风雅。

**图5-36** 客厅色彩设计（二）

暖黄色可以很好的营造温馨的感觉，布艺沙发在视觉上给人饱满、舒适的感受。

**图5-37** 书房空间布局设计

书房浅木色书柜搭配暖黄色灯管以及黄色毛毯，自成一体，极具观赏性。

**图5-38** 厨房色彩搭配设计

书房在色彩选择上，采用灰色、卡其色、深棕色等，营造出古色古香的书房气息。

| 图5-33 | 图5-34 |
|--------|--------|
| 图5-35 | 图5-36 |
| 图5-37 | 图5-38 |

**3. 蓝＋橙＝现代复古**

以蓝色系与橙色系为主的色彩搭配，表现出现代与传统，古与今的交汇，碰撞出兼具超现实与复古风味的视觉感受。蓝色系与橙色系原本又属于强烈的对比色系，只是在双方的色度上有些变化，让这两种色彩能给予空间一种新的生命（图5-33、图5-34）。

## 第四节 案例分析——空间色彩配色

这是一套内部面积在53m²左右的户型，包含有客餐厅、厨房、卫生间、卧室、储物间各一间，并一处过道，一处阳台。这套户型坐北朝南，且采光充足，只有卫生间面积过小。设计要求能够更方便的生活，分区能够更具体（图5-35～图5-42）。

**图5-39** 儿童房配色设计（一）

次卧选用高低床，但底部床体改为书桌，整体采用原木色设计，与地面色彩形成一个整体。

**图5-40** 儿童房配色设计（二）

墙面选用米白色壁纸，搭配暖白色灯光，给人一种温暖的感觉。

**图5-41** 厨房空间配色设计

厨房橱柜与窗帘选用了统一色调，墙面亮色瓷砖为空间增添了更多的轻松感，搭配智能厨具，时尚且现代。

**图5-42** 餐厅空间配色设计

餐厅选用浅绿色设计，展现出朝气勃勃的气息，与暖色光源的灯光结合在一起，具有青春时尚感。

| 图5-39 | 图5-40 |
|--------|--------|
| 图5-41 | 图5-42 |

**★ 小贴士**

**住宅空间色彩搭配**

居室的色彩在空间上也很有讲究，在客厅大多以中性色为主，界于冷暖色之间的颜色。而天花板、墙面的颜色明度较高，地面明度较高则可给人以明快、亲切、稳重的感觉，再配上深色的茶几等摆设则更好。餐厅是人们用餐的地方，应以暖色、中性色为主，再加上颜色鲜艳的台布，使人食欲大增。

卧室是人们最重视的地方，切忌不要以鲜亮的颜色为主，一般应以中性色为主，给人以和谐、温情的感觉；而厨房色彩要以高明度暖色和中性色为主，而且还要从清洁方面考虑；卫浴色彩可依个性自由选择，一般来说，以暖色或明度较高的色彩来体现明朗、洁净的效果。

## 本章小结

色彩是住宅空间设计中的重要元素，本章从色彩设计角度出发，对各个空间中的色彩运用及色彩搭配做了详细的讲解，对住宅空间设计初学者受益匪浅。本章作为重点知识，对色彩在空间中如何运用与选择讲解细致，对经典色彩搭配设计巧妙运用，能帮助设计师设计出更多优秀作品。

# 第六章
# 住宅空间家具设计

**识读难度：** ★★☆☆☆

**核心要点：** 现代、传统、风格、配饰、设计原则、布置方法

**章节导读：** 世界上每个民族，由于不同的自然条件和社会条件的制约必须形成自己独特的语言、习惯、道德、思维、价值和审美观念，因而形成民族特有的文化。在一个民族历史发展的不同阶段，该民族的家具设计会表现出明显的时代特征，这是因为家具设计首先是一个历史发展的过程，是民族各个时期设计文化的叠合及传承（图6-1）。

**图6-1** 衣帽间设计

家具是住宅空间必不可少的设计，具有超强的收纳功能与使用功能，是空间设计的重要源泉。

**图6-2** 现代家具展示

现代家具摒弃了复杂的花纹与雕花，形成光滑的质感。

**图6-3** 古典家具

古典家具雕花精美、配色经典、造型别致，堪称艺术品。

**图6-4** 古典家具

我国古代家居装饰，在用材上讲究木材的优劣，制作出的家具经久不衰。

家具设计的发展趋势在经济全球化、科技飞速发展的今天，社会主观形式都已发生了根本的改变，尤其是信息广泛传播、开放观念冲击着社会结构、价值观念与审美观念，国与国之间的交流、人与人之间的交往日趋频繁。人们从世界各地接受的信息今非昔比，社会及人的要求在不断增加和改变。加之工业文明带来的能源、环境和生态危机，面对这一切，设计师能否适应它、利用它，使得设计成为特定时代的产物，这已成为当今设计师的重要任务（图6-2、图6-3）。

### 一、家具发展历史

中国的家具历史非常悠久，夏、商、周时期已经开始有了箱、柜、屏风等家具（图6-4、图6-5），但早期的家具中没有桌子，只有供人们坐着办事、饮食与读书所依托的几案。汉代以前，古人席地而坐，穿着宽衣肥袖，形成了相应的悬肘提腕运笔的书写方式，长条形的几案是为了适合简册展开和书写方便，背侧配置的书架以双面通透的空格形式构成，方便拿取卷册。同时在几案前设置长排油灯，为扇形的书卷提供照明之需，从而形成了中国古代特定的书写阅读方式。东汉纸张的发明，使得书写阅读方式发生了重大变化，汉代胡床的出现又改变了人们盘足席地而坐的习俗（图6-6）。

唐代直至宋代，高座具的使用真正得到了普及。由于人们日常坐具升高，以前盘足而坐改变成垂足而坐，就使原来使用的几案也相应升高，于是便出现了家具的另一重要角色——桌（图6-7）。高桌、高几、高案纷纷出现，垂足而坐已成定局，中国人起居方式的大变革已告完成，真正的书桌随之出现。

**图6-5** 古典家具

在装饰工艺上，其内容均取自大自然的万物，如花鸟鱼虫、飞禽走兽、山水树木、天上人间，将丰富的想象与美好的寓意贯穿其中。

**图6-6** 古典家具

古典家具现今存世不多，在一些私人收藏家与博物馆中可以见到货真价实的古典家具。

**图6-7** 古典家具

古代家具多装饰在宽大敞亮的房间，家具造型高大、厚重。

宋代皇帝重文，文学与艺术取得了辉煌的成就。宋代书画艺术的繁荣，也影响到家具的风格，例如重比例、善用线、求写实的画风造就了宋代家具结构简洁、比例优美、线条明快的特点。文房四宝等工艺品的进步及当时的收藏风气，促进了中式家具的艺术化和情趣化。

元朝桌子设置了抽屉，抽屉作为储物空间方便开取，在中国首次出现，随之产生了与现代书桌造型相近的带屉书桌。经明清两代的不断完善和发展，中国传统的书房类家具由此形成了独特的风格特征。轻盈平整的纸张，完备齐全的文房四宝与书案书柜桌椅配置（图6-11、图6-12），形成一整套特有的"笔有笔架，墨有墨盒，写有书案，存有柜格抽屉"的书写阅读方式和中国书斋文化。

★ 补充要点

中国风家具演变：

中国风格的书房办公类家具发展演变中，我们发现在家具设计中，不同时代的家具设计风格都各不相同。每一个时代的家具产品代表着家具设计发展的趋势，每一次家具产品的更新都是家具设计趋势的一次伟大的飞跃。

## 二、家具设计原则

当设计一件家具时，有四个主要的目标。这四个目标就是功能、舒适、耐久、美观。尽管这些对于家具制造行业来说是最基本的要求（图6-8），但是家具仍然值得设计师去一探究竟、深入研究。

### 1. 实用性原则

家具是为了满足人们一定的物质需求和使用目的而设计制作的。在产品不断更新换代的时代，人们更注重家具的功能是否能够满足自己在生活中的新需求。

实用性是家具设计原则中最基本的原则，家具设计必须要满足它的直接用途，并适应不同使用者的不同需求。简单来说，换鞋凳的基本要求是人们可以坐下来换鞋子，而收纳性换鞋凳是在这个基本功能上，衍生出的新设计（图6-9）。

**图6-8** 家具设计原则关系图
家具设计是住宅空间设计的重要元素，家具能够表现出设计师投入的情感设计与搭配设计，展现出业主对未来生活的美好愿景。

**图6-9** 玄关柜设计
将玄关柜设计为带座椅与收纳凳的一体式玄关，在注重使用功能的前提下，优化玄关设计。

图6-8 │ 图6-9

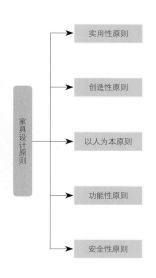

如果家具连使用者的基本功能性需求都无法满足的话，就算造型设计得再美，材料用得再好，也只是华而无实，放在那也只不过是件摆设罢了。特别是多功能家具在小户型住宅中的设计运用，小户型面积本身就小，家具一定要实用（图6-10、6-11）。

### 2. 创造性原则

随着时代的进步、科技的高速发展，许多高新材料、高新技术被不断运用于家具设计中，家具设计也在不断地顺应着时代的发展。越来越多的家具在造型上开始提倡小巧、轻薄，运用金属、塑料、复合板等一些新型材料，使家具不再那么笨重。

具有创造性的家具通过拆分、折叠、拉伸等不同形式的转变，使家具不再只具备一种功能，不再只局限于一种形式，为消费者解决了许多家居空间中的功能问题（图6-12、图6-13）。

在使用多功能家具的过程中，人们需要对家具进行拆、拉、折等动作，从而达到使用目的，因此多功能家具一定要设计的轻巧灵活易操作，这样使用起来才会更方便、快捷，既省时又省力还能提高使用者的使用效率（图6-14）。

| 图6-10 | 图6-11 |
|--------|--------|
| 图6-12 | 图6-13 |
| 图6-14 | |

**图6-10** 阳台柜设计

阳台可以设计为集洗涤、晾晒、收纳、休闲为一体的超实用空间，将洗衣机搬离浴室，让空间得到更有效的利用。

**图6-11** 楼梯踏步设计

收纳是每个家庭的难题，将楼梯踏步与储物结合在一起，这里就可以作为上楼前临时换鞋区域，也可以作为日常收纳，一举两得的设计。

**图6-12** 茶几设计

具有隐藏带收纳式的折叠茶几设计，折叠起来与整体的家具风格相融合，简单却又不失新意，现在已经广泛使用。

**图6-13** 折叠茶几设计

只需将隔板翻转过来就可以作为电脑桌来使用，既不占用公共空间，也能满足日常的生活需要。

**图6-14** 折叠床设计

当室内面积不足以满足居住者使用需求时，设计师只能依靠空间转换来获取使用面积，书房与临时客房的结合，创意十足。

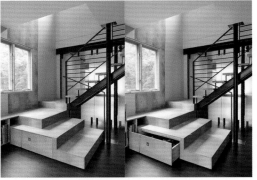

**图6-15** 橱柜设计

橱柜拥有强大的储存功能，能有效地防止厨房操作台面的凌乱性，还厨房一个整洁明亮的环境。

**图6-16** 衣柜设计

衣柜是目前家具环境中储存量最大的家具，能将一年四季的生活用品收纳起来，有序地摆放也能让自己更快速地找到所需物件。

**图6-17** 榻榻米设计

在小户型的设计当中，榻榻米强大的储物功能与舒适美观性越来越受到人们的认可，越来越多在儿童房中得到应用。

**图6-18** 儿童房设计

在满足正常的居住需求条件下，家具使用的功能性也是设计师需要考虑的问题。这样才能提高家具在小户型住宅空间里的使用效率。

| 图6-15 | 图6-16 |
| 图6-17 | 图6-18 |

### 3. 以人为本原则

家具设计中一直以来都秉持着"以人为本"的原则，以人为本原则要求在设计中把客户的需求作为根本出发点，坚持"客户就是上帝"的理念，一切以满足客户的需求为根本目标。

首先，家具是为了给人的生活提供使用需求而存在的，家具服务于人，家具能满足人在住宅空间中的不同功能性需求。橱柜是为了存储厨房用具，而衣柜则是用来收纳衣服，不同的家具有不同的功能（图6-15、图6-16）。因此，家具的设计上一定要根据人的需求来进行思考设计。

### 4. 功能性原则

集成家具在住宅空间中最大的作用就是合理布局家具空间，满足客户在住宅中所需要的使用功能，以及在住宅空间设计中呈现的艺术效果。传统家具一般是在固定的空间内对固定的家具进行固定设计，从功能上仅仅是满足客户的单一使用需求，而多功能性家具是对传统家具的再生设计。

在小户型住宅中，由于房屋面积小，在使用功能上无法达到要求，同时要使一个区域满足多个功能空间的要求，在使用空间不足的情况下我们要从设计上着手。多功能家具相对传统家具而言，家具功能性将会更加强大。因此功能性对于多功能家具来说是一个必须遵循的设计原则。

榻榻米是近几年家装设计中出现较为频繁的多功能组合设计，不少设计师将榻榻米与衣柜、书桌结合在一起，既合理的划分了房间结构，又节省了空间，实为两全其美的设计。这种设计在儿童房设计上较为常用，也更受小朋友的喜爱（图6-17、图6-18）。

## 5. 安全性原则

安全、健康是人们对家居生活质量的必然要求，每一个住户都希望能有一个优质的家居空间。在利用多功能家具为小户型住宅打造完整家居空间时，一定要注意家具各方面的安全性，家具是否具备安全性是对家具品质的基本要求。

家是人们长期生活的地方，家具是家居环境中不可缺少的物件，由于人和家具将长期处在同一个空间下，因此家具的材料选取上一定要环保无害。

家具材料的质量一定要检测过关，家具材料的受力程度是否足够、家具的结构是否合理，以及家具的造型是否有尖锐的棱角，都是需要考虑和注意的问题。家具是给人的生活提供便利，而不是给人的身体健康带来危害和影响，所以在家具设计中一定要注意其安全性，决不能被忽视（图6-19）。

## 三、家具造型功能

对家具的使用要求，包括实用性和审美性。实用性是指家具零部件的组合、分布、强度和规格等满足人们的实际使用要求；审美性是指家具在保证实用的前提下，对其形体和表面进行美化处理以满足人们的审美情趣和心理要求（图6-20、图6-21）。考虑物与人的直接和间接关系，对各类家具的功能有不同的要求。

**图6-19** 儿童房安全性设计

儿童房的安全性与环保性一直是人们关注的热点。儿童具有活泼爱动的特性，在家具设计上要避免尖角出现，同时房内的家具要固定起来，避免发生安全事故。

**图6-20** 精美家具展示（一）

衣柜首先是满足储物功能，其次是与房间整体设计相搭配。

**图6-21** 精美家具展示（二）

餐桌在满足日常就餐时，还可以作为装饰空间的组成部分。

图6-19
图6-20 │ 图6-21

**图6-22** 家具工艺

从家具外形上可以看出家具的材质与工艺特征。

**图6-23** 构成造型基础法则

**图6-24** 形体法

家具造型是构成住宅空间整体风格的主要因素。

**图6-25** 色彩法

通过对家具色彩的选择与处理，让家具更富有艺术感。

**图6-26** 质感法

通过对家具表面材质的处理，拥有良好的家具质感与视觉效果。

| 图6-22 | 图6-23 |
|--------|--------|
| 图6-24 | |
| 图6-25 | 图6-26 |

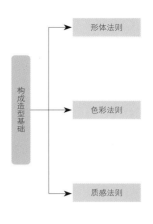

### 1. 材料和工艺特性

材料与工艺是构成家具形体的物质基础。要在造型上取得良好的效果，必须熟悉各种材料的性能、特点、加工工艺及成型方法，才能设计出最能体现材料特性的家具造型（图6-22）。

### 2. 造型形象

造型形象体现功能、材料和加工工艺相结合的艺术形象。构成造型的基础是造型要素和形式法则。造型要素有形体法则、色彩法则、质感法则等（图6-23）。形体法则主要有形体组合、比例运用、空间处理、体量谐调、虚实布局等（图6-24）。

色彩法则主要有主色调选择、色块安排、色光处理等（图6-25）；质感法则主要是材料质地和纹理运用、反射和色泽处理等（图6-26）。对有些装饰性强的家具还需考虑装饰法则，如装饰的题材选择、装饰形式、装饰布局等。

## 第二节　家具陈设方式

好的家具布置会给我们带来好心情，这句话说得一点也没错。当我们看到自己喜欢的家居装修风格，心情也会跟着变好，要是自己不喜欢或者是低沉的装修风格，也会让自己的心情变的不好，这就是家居装饰带来的作用，掌握家居布置技巧，可以打造一个轻松愉快的住宅生活空间。

### 一、布置技巧

#### 1. 对称平衡、合理摆放

要将一些家居饰品组合在一起，使它成为视觉焦点的一部分，对称平衡感很重要。旁边有大型家具时，排列的顺序应该由高到低陈列（图6-27），以避免视觉上出现不谐调感。或是保持两个饰品的重心一致。

例如，将两个样式相同的灯具并列、两个色泽花样相同的抱枕并排，这样不但能制造和谐的韵律感，还能给人祥和温馨的感受（图6-28）。另外，摆放饰品时前小后大层次分明能突出每个饰品的特色，在视觉上就会感觉很舒服。

#### 2. 整体风格、布局设计

布置家居饰品要结合空间的整体风格，先找出大致的风格与色调，依着这个统一基调来布置就不易出错。例如，简约的家居设计，具有设计感的家居饰品适合营造个性化空间（图6-29）；如果是自然的乡村风格，就以自然风的家居饰品为主（图6-30）。

**图6-27** 对称平衡摆放（一）
将高低不同的家具进行美观性组合设计，形成视觉上的平衡感。

**图6-28** 对称平衡摆放（二）
采用不同颜色的抱枕来装饰客厅空间，能够形成潜在的韵律感。

**图6-29** 简约家居设计
根据住宅空间的整体风格来选择家居配饰，整体风格容易一致。

**图6-30** 自然风家具展示
乡村风格的家居饰品布置时，可以选择带有自然气息的质感家居饰品。

| 图6-27 | 图6-28 |
|--------|--------|
| 图6-29 | 图6-30 |

**图6-31** 家居布艺展示

将相同材质与属性的饰品搭配在一起，在整个大空间显得有品位而不错乱。

**图6-32** 家居饰品展示

在选择家居饰品时，饰品的大小能够呈现出不同的效果，应当有选择地进行配置。

**图6-33** 家居布艺展示

春天时，挑选清新的花朵图案，春意盎然；夏天时，选择清爽的水果或花草图案；秋冬，则可换上毛绒绒的抱枕，温暖过冬。

**图6-34** 家居植物展示

通过花草装饰室内空间，不同季节选用不同花草，打造良好的视觉感。

| 图6-31 | 图6-32 |
|--------|--------|
| 图6-33 | 图6-34 |

### 3. 家居饰品不必全部摆放

通常在布置时，常常会想要每一样都展示出来。但是摆放太多就失去了特色，这时，可先将家里的饰品分类，相同属性的放在一起，不用急着全部表现出来。将饰品分类后，就可依季节或节庆来更换布置，改变不同的居家心情（图6-31）。

### 4. 从小的家居饰品入手

摆饰、抱枕、桌布、小挂饰等中小型饰品是最容易上手的布置单品（图6-32），布置入门者可以从这些先着手，再慢慢扩散到大型的家具陈设。小的家居饰品往往会成为视觉的焦点，更能体现主人的兴趣和爱好。

### 5. 家居布艺是重点

每一季度都有属于不同颜色、图案的家居布艺，无论是色彩炫丽的印花布、还是华丽的丝绸、浪漫的蕾丝，只需要更换不同风格的家居布艺，就可以变换出不同的家居风格（图6-33），比换家具更经济、更容易完成。家饰布艺的色系要统一，使搭配更加和谐，增强居室的整体感。家居中硬的线条和冷色调，都可以用布艺来柔化。

### 6. 花卉和绿色植物

要为居家带进大自然的气息，可以在家中摆一些花花草草，这是再简单不过的方法（图6-34）。尤其是换季布置，花更是重要，不同的季节会有不同的花，可以营造出截然不同的空间情趣。

## 二、美学原则

### 1. 比例与尺度

比例是物与物的相比，表明各种相对面之间的相对度量关系。在美学中，最经典的比例分配莫过于"黄金分割"；尺度是物与人（或其他易识别的不变要素）之间相比，不需涉及具体尺寸，完全凭感觉上的印象来把握。比例是理性的、具体的，尺度是感性的、抽象的。

例如根据"比例与尺度"原则营建的院落。墙体、窗户的长宽比例符合黄金分割原理。梯形棚架与长条桌相似，在一定尺度上改善了空间距离，让窗外的景色仿佛近了许多。即使整个家居布置采用的是同一种比例，也要有所变化才好，不然就会显得过于刻板。

### 2. 调和与对比

"对比"是美的构成形式之一，在家居布置中，对比手法的运用无处不在，可以涉及到空间的各个角落。通过光线的明暗对比、色彩的冷暖对比、材料的质地对比、传统与现代的对比（图6-35），从而演绎出各种不同节奏的生活方式。

"调和"则是将对比双方进行缓冲与融合的一种有效手段。黑色与白色在视觉上的强烈反差对比，体现出房间主人特立独行的风格，同时也增加了空间中的趣味性；毛皮的华贵与纯棉的质朴是材料上的对比；长方形玻璃窗是形状、大小的对比。布置出这样一间居室，就是彰显个性的最佳途径（图6-36）。

### 3. 节奏与韵律

节奏与韵律是密不可分的统一体，是美感的共同语言，是创作和感受的关键。有人称"建筑是凝固的音乐"，就是因为它们都是通过节奏与韵律的体现而造成美的感染力。成功的建筑总是以明确动人的节奏和韵律，将无声的实体变为生动的语言和音乐，因而名扬于世。

节奏与韵律是通过体量大小的区分、空间虚实的交替、构件排列的疏密、长短的变化、曲柔刚直的穿插等变化来实现的（图6-37）。具体手法有：连续式、渐变式、起伏式、交错式等，在整体居室中虽然可以采用不同的节奏和韵律手法，但同一个房间切忌使用两种以上的节奏，那样会让人感到无所适从、心烦意乱。

### 4. 对称与均衡

对称是指以某一点为轴心，求得上下、左右的均衡（图6-38）。对称与均衡在一定程度上反映了处世哲学与中庸之道，因而在我国古典建筑中常常会运用到这种方式。现在居室装饰中，人们往往在基本对称的基础上进行变化，造成局部不对称或对比，这也是一种审美原则。

**图6-35** 对比式设计
通过对各个方面的对比，使家居风格产生更多层次、更多样式的变化。

**图6-36** 调和式设计
绿色与红木家具形成对比，通过蓝色的窗帘布艺来调和室内的色彩。

**图6-37** 节奏与韵律设计
楼梯是居室中最能体现节奏与韵律的所在。

**图6-38** 对称与均衡设计
对称性的处理能充分满足人的稳定感，同时也具有一定的图案美感，但要尽量避免让人产生平淡甚至呆板的感觉。

| 图6-35 | 图6-36 |
|--------|--------|
| 图6-37 | 图6-38 |

**图6-39** 层次分明设计

明确地表示出主从关系是很正统的布局方法；对某一部分的强调，可打破全局的单调感，使整个居室变得有朝气。

**图6-40** 于统一见变化设计

桌面、墙面、隔断采用相同花纹、相同材质，于统一见变化的是纹理方向的不同。

图6-39 | 图6-40

### 5. 主从与重点

当主角和配角关系很明确时，心理也会安定下来。如果两者的关系模糊，便会令人无所适从，所以主从关系是家居布置中需要考虑的基本因素之一。在居室装饰中，视觉中心是设计的重点，人的注意范围一定要有一个中心点，这样才能造成主次分明的层次美感（图6-39），这个视觉中心就是布置上的重点。重点过多就会变成没有重点，整体美感就会荡然无存。因为配角的一切行为都是为了突出主角，切勿喧宾夺主。

### 6. 统一与变化

家居布置在整体设计上应遵循"寓多样于统一"的形式美原则。首先根据大小、色彩、位置使之与家具构成一个整体，成为住宅空间一景，营造出自然和谐、极具生命力的家居空间；其次，家具要有统一的艺术风格和整体韵味，最好成套定制或尽量挑选颜色、样式格调较为一致的家具，加上人文融合，进一步提升居住环境的品位。

不同的空间应选用不同的色彩基调。黄色有助于人的食欲，所以将它定为餐厅的主色（图6-40）；墙上那幅山水装饰画，是整体色调中的变数，然而却非常和谐。在家居布置的初始就应该有一个完整的计划和构思，这样才不会在进行过程中出现纰漏；在购买新家具时，应尽量与原有家具般配。

★ **小贴士**

黄金分割法：

黄金分割具有严格的比例性、艺术性、和谐性，蕴藏着丰富的美学价值，这一比值能够引起人们的美感，被认为是建筑和艺术中最理想的比例。中国也有黄金分割的相关记载，虽然没有古希腊的早，但中国的算法是由中国古代数学家自己独立创造的，后传入了印度。黄金分割在文艺复兴前后，经过阿拉伯人传入欧洲。经考证，欧洲的比例算法是源于中国而不是直接从古希腊传入的。

**图6-41** 沙发材质选择

皮质沙发和毛绒抱枕不仅在色彩上形成对比,在材质上也具有明显对比,两者在一起并不会冲突。

**图6-42** 沙发色彩对比设计

白色和橙色的毛绒抱枕能弱化皮质沙发的僵硬感,也能比较好的调节室内氛围。

**图6-43** 镜面设计

狭长且小的卧室通过镜子可以在视觉上给人一种空间扩大了的错觉。

**图6-44** 错觉设计

灯光与材质带来的光影错觉,在深色和浅色的交替映衬下会更突出,这对于追求空间感的居室十分适用。

**图6-45** 客厅空间设计

拆除靠近客厅一侧的墙体,使之与主卧门洞平齐,以此将过道宽度由原来的1100mm扩大至1430mm,这样也能便于多人行走,对于日常的生活和工作也会有比较大的帮助。

**图6-46** 餐厅家具设计

改变厨房开门方式,安装更适合日常使用的单扇推拉门,玻璃推拉门具有比较好的隔声性。改变后的餐厅与客厅形成一个整体,具有镜面感的墙面与深色家具,在视觉上更富有视觉冲击力。

**图6-47** 家具造型设计

为了营造出现代风格的家具特征,设计师在空间中大量使用镜面装饰与金属、不锈钢材质,赋予家具时尚气息。

## 第三节　案例分析——家具设计

### 一、现代风格家具设计

这是一套内部面积在51㎡左右的户型,包含有客餐厅、厨房、卫生间,卧室、过道、阳台等空间,这套户型比较常见,客餐厅结构方正,但厨房处的阳台利用效率较低,且卧室与客厅之间的走道有些拥挤。在布局上,拆除卫生间靠近主卧两侧的墙体,缩减卫生间的面积,将其宽度缩减600mm,缩减出来的空间可纳入主卧中,以此扩大卧室内部存储空间和行走通道。设计要求通过改变内部结构,创造一个更便捷、更现代的家居环境(图6-41～图6-47)。

| 图6-41 | 图6-42 | |
|---|---|---|
| 图6-43 | 图6-44 | |
| 图6-45 | 图6-46 | 图6-47 |

## 二、新中式风格家具设计

这是一套内部面积在58m²左右的户型，主要有客餐厅、厨房、卫生间、卧室、阳台等空间。客厅采光比较充足，卧室内设计有飘窗，但厨房内没有采光通道，不方便使用。设计要求扩大工作区采光量，创造一个更明亮、大气的家居环境。

新中式家具是在传统美学规范之下，运用现代的材质及工艺，去演绎传统中国文化中的经典精髓，使家具不仅拥有典雅、端庄的中式风格气息，并具有明显的现代特征（图6-48~图6-53）。

**图6-48** 家具色彩设计

家具设计在形式上简化了许多，通过运用简单的几何形状来表现设计理念。在整个空间中，以在黑、白、灰为主色调，以"红、黄、蓝"作为局部色彩，形成高雅、素净的住宅空间环境。

**图6-49** 家具造型设计（一）

在家具造型上，新中式风格在设计上更加的现代化、时尚化，给予家具更多展示空间。

**图6-50** 家具造型设计（二）

新中式风格的家具线条简洁、流畅，深色的木质框架与布艺坐垫相得益彰。

**图6-51** 家具造型设计（三）

古典与优雅是新中式家具的最大特色。在设计中以庄重色调占主导地位，设计自然显得幽静、雅观。

**图6-52** 家具造型设计（四）

在本次家具设计中，有瓷器、陶艺、中式窗花、字画、布艺以及一些常见的中式古典物品等，打造出经典的中式风格家具设计。

| 图6-48 | |
|---|---|
| 图6-49 | 图6-50 |
| 图6-51 | 图6-52 |

**图6-53** 对称式家具设计

在设计中讲究对称，卧室背景墙采用对称式设计，选用天然的装饰材料，运用"金、木、水、火、土"五种元素的组合规律，来营造禅宗式的理性和宁静环境。

## 本章小结

　　家具是住宅空间的重要组成部分，能够起到储存、分隔空间的作用，在室内空间设计中，设计师巧用家具设计，能够达到良好的空间设计效果。本章从住宅家具设计出发，全面向读者阐述家具设计的精髓，为读者提供宝贵的设计知识，对学习住宅空间设计具有重大意义。

# 第七章
# 住宅空间功能设计

**识读难度：** ★★★★☆

**核心要点：** 玄关、餐厅、客厅、厨房、书房、卧室

**章节导读：** 随着人们文化生活水平的提高，对居住条件的要求也发生了很大变化。传统住宅设计被现代住宅空间设计取而代之，使住宅空间层次丰富，功能更完善，更富时代感。相比较于传统住宅空间设计，现代住宅空间设计更注重空间的功能设计。本章将通过对室内空间的功能设计，全面介绍住宅空间的各项功能设计（图7-1）。

**图7-1** 玄关设计

住宅空间的功能设计是每一位设计师都将面临的难题，在设计中，需要设计师设身处地为业主着想，创造出更加丰富的住宅空间。

## 第一节　门厅设计

门厅是进入家居室内后的第1个空间，位于大门、客厅、走道之间，面积不大但形态完整，是更衣换鞋、存放物品的空间。玄关原指佛教的入道之门，现在专指住宅室内与室外之间的过渡、缓冲空间（图7-2）。它是家居空间环境给人的最初印象，入户后是否有门厅玄关作为隔离或过渡，是评价装修品质的重要标准之一。

### 一、空间布置形式

#### 1. 无厅型

这种门厅适合面积很小的住宅，打开大门后就能直接观望到室内，进门后沿着墙边行走。但是在这种空间里还是要满足换衣功能，在墙壁上设置挂衣板，保证出入时方便使用（图7-3）。

#### 2. 前厅型

这种空间比较开阔，打开大门后是一个很完整的门厅，一般呈方形，长宽比例适中，在设计上是很有作为。可以在前厅型空间内设计装饰柜、鞋柜为一体的综合型家具，甚至安置更换鞋袜的座凳（图7-4）。

**图7-2** 门厅空间设计

在现代家居装修中，门厅与玄关的概念相同，通常将其合二为一称为门厅玄关。

**图7-3** 无厅型门厅

在狭窄的空间里可以将换鞋、更衣、装饰等需求融合到其他家具中。

**图7-4** 前厅型门厅

在对应的墙面上，可以安装玻璃镜面，衬托出更宽阔的走道空间。

图7-2

图7-3 | 图7-4

**图7-5** 走廊型门厅

添加部分用于遮掩回避的玄关,并且设计出丰富的装饰造型。

**图7-6** 异形门厅

这种门厅的存储功能较小,因空间的局限性,形式与功能上无法统一。

图7-5 │ 图7-6

### 3. 走廊型

打开大门后只见到一条狭长的过道,能利用的储藏空间和装饰空间不多,可以利用边侧较宽的墙面,设计鞋柜或储藏柜。如果宽度实在很窄,鞋柜可以设计成抽斗门,厚度只需160mm(图7-5)。

### 4. 异型

针对少数不同寻常的住宅户型,这种布置要灵活运用,将断续的墙壁使用流线型鞋柜重新整合起来,让门厅空间显得有次序、有规则(图7-6)。

## 二、功能设计(表7-1)

表7-1　　　　　　　　　　　　　门厅功能

| 功能 | 作用 | 图例 |
| --- | --- | --- |
| 保持私密 | 避免客人一进门或陌生人从门外经过时就对整个住宅一览无余,在门厅玄关处用木质或玻璃作隔断,能在视觉上起到遮挡的作用 | |
| 家居装饰 | 在住宅装修中起到画龙点睛的作用,通常在局部采用不锈钢、玻璃等高反射材料作点缀,采用具有特色的壁纸、涂料、木质板材作覆面,并配置高强度射灯弥补该空间的采光不足 | |
| 方便储藏 | 一般将鞋柜、衣帽架、大衣镜等设置在玄关内,鞋柜可以做成隐蔽式,衣帽架、大衣镜的造型应美观大方,配置一定的储物空间,适用于放置雨具、维修工具等 | |

### 三、细节设计

#### 1. 空间隔断

门厅玄关的划分要强调空间的过渡性，根据整个住宅空间的面积与特点因地制宜、随形就势引导过渡，门厅玄关的面积可大可小，空间类型可以是圆弧形、直角形，也可以设计成走廊。在客人来访时，使客厅中的成员有个心理准备，避免客厅被一览无余，增加整套住宅的层次感。通过遮挡来分隔空间，又能保持大空间的完整性，这都是为了体现门厅玄关的实用性、引导性、展示性等特点（图7-7、图7-8）。

#### 2. 照明采光

由于门厅玄关里带有许多角落和缝隙，缺少自然采光，在设计上采用人工照明辅助，根据不同的位置合理安排筒灯、射灯、壁灯、轨道灯、吊灯、吸顶灯，可以形成焦点聚射，营造不同的格调（图7-9、图7-10）。

**图7-7** 玻璃隔断

采用玻璃通透式隔断，有一种隐约朦胧美。

**图7-8** 低柜＋格栅隔断

采用格栅结合低柜的隔断形式，美观性与功能性相结合。

**图7-9** 门厅照明设计（一）

使用壁灯或射灯可以让灯光上扬，产生丰富的层次感，营造出温馨感。

**图7-10** 门厅照明设计（二）

采用主灯结合射灯的照明方式，对营造空间氛围很有帮助。

| 图7-7 | 图7-8 |
|-------|-------|
| 图7-9 | 图7-10 |

### 3. 地面材料

门厅玄关的地面材料是设计的重点，因为它不仅经常承受磨损和撞击，它还是常用的空间引导区域。瓷砖便于清洗，也耐磨，通过各种铺设图案设计，能够适宜引导人的流动方向，只不过瓷砖的反光会给人带来偏冷的感觉（图7-11、图7-12）。

### ★ 小贴士

玄关尺寸：

一般玄关鞋柜尺寸高度不要超过800mm，宽度是根据所利用的空间宽度合理划分；深度是家里最大码的鞋子长度，通常尺寸在300～400mm之间。

男女鞋的尺寸具有差异，按照正常人的尺寸，鞋子是根据人体工程学设计，尺寸都不会超过300mm，除了一些超大或者是小孩的鞋以外。因此鞋柜深度一般在350～400mm，让大鞋子也能够放得进去，而且恰好能将鞋柜门关上，不会突出层板，显得过于突兀。

很多人买鞋，不喜欢把鞋盒丢掉，直接将鞋放进鞋柜里面。那么这样的话，鞋柜深度尺寸就在380～400mm，在设计规划及定制鞋柜前，一定要先测量好使用者的鞋盒尺寸作为鞋柜深度尺寸依据。如果还想在鞋柜里面摆放其他的一些物品，如吸尘器、苍蝇拍等，深度则必须在400mm以上才能使用。

玄关鞋柜层板间高度通常设定在150mm之间，但为了满足男女鞋高低落差，在设计时可以在两块层板之间多加些层板粒，将层板设计为活动层板，让层板间距可以根据鞋子的高度来进行调整。

图7-11 | 图7-12

**图7-11** 地面材料（一）
对局部位置铺装地毯，减少瓷砖带来的冰冷感。

**图7-12** 地面材料（二）
铺装带有图案、纹理的地砖，减少瓷砖大面积的空白感与反光。

图7-13 客厅空间设计

客厅的布局应尽量安排在室外景观效果较好的方位上，保证有充足的日照，并且可以观赏周边的美景，使客厅的视觉空间效果都能得到很好的体现。

## 第二节　客厅设计

客厅在住宅中当属最主要的空间了，它是家庭成员娱乐时间最长、最能集中表现家庭物质生活水平与精神风貌的空间，因此，客厅应该是家居空间设计的重点。客厅是住宅中的多功能空间，在布局时，应该将自然条件和生活环境等因素综合考虑，如合理的照明方式、良好的隔音处理、适宜的温度与湿度、适宜的贮藏位置与舒适的家具等，合理保证家庭成员的各种活动需要（图7-13）。

## 一、空间布置形式（表7-2）

表7-2　　　　　　　　　　客厅沙发布置分类

| 名称 | 布置形式 | 图例 |
| --- | --- | --- |
| L型（9m²） | L型沙发适合面积较小的客厅空间，选购沙发时要记清楚户型转角的方向问题；转角沙发可以灵活拆装、分解，变幻成不同的转角形式，容纳更多的家庭成员；电视柜的布局也有讲究，应该以沙发的中心为准 | |
| 标准型（12m²） | 标准的3+2沙发布局是常见的组合款式，既可以满足观看电视的需要，又可以方便会谈，沙发的体量有大有小；布艺沙发可以配置晶莹透彻的玻璃茶几，木质沙发可以配置框架结构的木质茶几 | |

| 名称 | 布置形式 | 图例 |
|------|----------|------|
| U型（12m²） | U型沙发一般用于成员较多的家庭，日常生活以娱乐为主，布局一旦固定下来就不会再改变。包围严实的布局可卧可躺，别有一番情趣 | |
| 对角型（12m²） | 对角型沙发适合特异形态的客厅，在设计时要考虑到客厅的特殊形态，可以制作圆弧形隔墙或玻璃隔断，设计成圆弧形吧台，或设计成储藏空间 | |
| 单边型（25m²） | 单边型沙发适合空间较大的住宅，侧边走道至少要保证一个人正常通行。沙发最好选用皮质的，体量较大，受到碰撞后不容易发生移动；如选用布艺沙发与木质沙发，背后可以放置一个低矮的储物柜或装饰柜，保证沙发不会受到碰撞 | |
| 周边型（30m²） | 一般出现在复式住宅或别墅住宅里，三面环绕的形式能让人产生唯我独尊的感觉，"看电视"这种起居行为可以被忽略了，取而代之的是大气的背景墙 | |

## 二、功能设计

### 1. 功能分区

客厅是家庭成员及外来客人共同的活动空间，在空间条件允许的前提下，需要合理地将会谈、阅读、娱乐等功能区划分开，家具一般贴墙放置，将个人使用的陈设品转移到各自的房间里，腾出客厅空间用于公共活动。同时尽量减少不必要的家具，如整体展示柜、跑步机、钢琴等都可以融到阳台或书房里，或者选购折叠型产品，增加活动空间（图7-14）。

### 2. 综合运用

客厅功能具有综合性，在其中活动也是多种多样，主要活动内容包括：家庭团聚、视听活动、会客接待。家庭团聚等是客厅的核心功能，通过一组沙发或座椅巧妙的围合，形成一个适宜交流的场所，而且一般位于客厅的几何中心（图7-15）。

**图7-14** 客厅功能分区

由于客厅较小，只能置入L型沙发，只保留基本的交流区。

**图7-15** 客厅功能设计

选用多种类型的沙发，可坐可卧，加强客厅的交流空间。

图7-14 | 图7-15

**图7-16** 客厅功能运用

西方客厅往往以壁炉为中心展开布置，工作之余，一家人围坐在一起，形成一种亲切而热烈的氛围。

**图7-17** 重点设计

视听、会客、聚谈区往往以一组沙发、座椅、茶几、电视柜围合而成，再添加装饰地毯、天花、造型与灯具来呼应。

**图7-18** 不合理布局设计

当客厅面积过小时，采用单边式的布局形式显得空间更加狭小，行走不便。

**图7-19** 合理布局设计

采用标准型的沙发布局，在行走上更加顺畅，空间规划更加便利。

| 图7-16 | 图7-17 |
|--------|--------|
| 图7-18 | 图7-19 |

客厅还包括用餐、睡眠、学习等功能，这些功能在大型客厅不宜划分得过于零散，在小型客厅的中心显得更为突出，也要注意彼此之间的使用距离。

### 3. 围绕核心

客厅是住宅的核心，可以容纳多种性质的活动，可以形成若干区域空间。在众多区中必须有一个主要区域，形成客厅的空间核心，通常以视听、会客、聚谈区域为主体，辅以其他区域，形成主次分明的空间布局，达到强化中心感的效果，并让人感到大气美观（图7-16、图7-17）。

## 三、细节设计

### 1. 避免交通斜穿

客厅是联系户内各房间的交通枢纽，如何合理的利用客厅，交通流线问题就显得十分重要。可以对原有建筑布局进行适当调整，如调整门的位置，使其尽量集中。还可以利用家具来巧妙围合、分割空间，以保持各自小空间的完整性，如将沙发靠着墙角围合起来，整体空间过小可以提升茶几的高度，使茶几成为餐桌。这样一来，餐厅与客厅融为一体，避免了相互穿插（图7-18、图7-19）。

### 2. 通风防尘

通风是住宅必不可少的物理因素，良好的通风可使室内环境洁净、清新、有益健康。通风又有自然通风与机械通风之分，在设计中要注意不要因为不合理的隔断而影响自然通风，也要注意不要因为不合理的家具布局而影响机械通风。

防尘是客厅的另一物理要求，住宅中的客厅常直接联系户门，具有玄关的功能，同时又直接联系卧室起过道的作用。因此，连接客厅的门窗边缝要粘贴防尘条。此外，进入或外出要设置换鞋凳，这样才能使家庭成员保持良好的换鞋习惯，减少沙尘进入室内。

### 3. 隐蔽性

客厅是家人休闲的重要场所，在设计中，应尽量避免由于客厅直接与户门或楼梯间相连，造成生活上的不便，破坏住宅的"私密性"与客厅的"安全感"。设计时宜采取一定措施，对客厅与户门之间做必要的视线分隔。玄关隔断是很好的隐蔽道具，但是要占据客厅一定的空间，可以将玄关做成活动的结构，犹如门扇一样，可以适度开启、关闭。

★ 补充要点

客厅界面设计：

由于现代住宅的层高较低，客厅一般不宜全部吊顶，应该按区域或功能设计局部造型，造型以简洁形式为主。墙面设计是客厅乃至整套住宅的关键所在，在进行墙面设计时，要从整体风格出发，在充分了解家庭成员的性格、品位、爱好等基础上，结合客厅自身特点进行设计。

同时又要抓住重要墙面进行重点装饰。背景墙是很好的创意界面，现代流行简洁的几何造型，凸出与内凹的形体能衬托出客厅的凝重感。在地面材料的选择上可以是玻化砖、木地板，使用时应根据需要，对材料、色彩、质感等因素进行合理地选择，使之与室内整体风格相谐调。

## 第三节　厨房设计

厨房在住宅中属于功能性很强的使用空间，操持着一日三餐的洗切、烹饪、备餐，以及用餐后的洗涤、整理等工作。1天中需要用2~3h耽搁在厨房里，厨房操作在家务劳动中较为劳累。由于生活习惯、文化背景的不同，不同民族、不同地区的人们有着不同的饮食习惯，再加上家庭成员数量、户型面积，这使得不同地区的厨房功能有着千差万别的变化。

### 一、厨房类型

目前，厨房的空间形式呈现多元化方向发展，封闭式厨房不再是唯一的选择，可以根据需要来选择独立式厨房、餐厅厨房、开敞式厨房等不同的空间形式。

第一，独立式厨房。是指与就餐空间分开，单独布置在封闭空间内的厨房形式。在我国，独立厨房一直被人们普遍采用。由于独立厨房采用封闭空间，使厨房的工作不受外界干扰，烹调所产生的油烟、气味及有害气体，也不会污染其他空间。

独立厨房的墙面面积大，有利于安排较多的储藏空间。但是独立厨房也有难以克服的弱点，特别是面积较小的厨房，操作者长时间在厨房内工作，会感觉单调、压抑、易疲劳，且无法与家人、访客进行交流，同时与就餐空间的联系不够紧密（图7-20）。

**图7-20** 独立式厨房

因设备设施比较差而无法保持整洁的厨房，可以利用独立空间，避免杂乱的噪声对其他空间的干扰。

**图7-21** 餐厅式厨房

因其空间较为宽敞，在一定程度上也具有开敞式厨房的优点。

**图7-22** 开敞式厨房

有助于空间的灵活性布局与多功能使用，特别是当厨房装修比较考究时，起到美化家居的作用。

图7-21 | 图7-22

第二，餐厅式厨房。它与独立式厨房一样，均为封闭型空间，所不同的是餐厅厨房的面积比独立式厨房稍大，可以将就餐空间一并布置于厨房空间内（图7-21），同时也具有独立式厨房的优点。

第三，开敞式厨房。它将小空间变大，将起居、就餐、烹饪3个空间之间的隔墙取消，各空间之间可以相互借用（图7-22）。这种空间设计较大限度地扩大了空间感，使视野开阔、空间流畅，对于面积较小的住宅，可以达到节省空间的目的，便于家庭成员的交流，有利于形成和谐愉悦的家庭气氛。

## 二、空间布置形式

由于家庭人口的变化、生活条件的改善、厨房设备的增加，以及来客频率的变化等，使家庭成员在不同时期有不同的要求。例如，人口较多的家庭，来客频繁，希望有较大的厨房与正式的餐厅；年纪较大的业主一般与儿女分住，大餐厅的使用频率降低，可以改作他用，而就餐可在厨房中解决。因此要考虑厨房及就餐空间的各种组合方式，根据住房不同阶段的使用性质，使住宅达到最合理的使用效果（表7-3）。

表7-3 　　　　　　　　　　　　厨房空间布置分类

| 名称 | 布置形式 | 图例 |
|---|---|---|
| 一字型 | 一般在厨房一侧布置橱柜设备，厨房结构紧凑，能有效地使用烹调所需的空间，以洗涤池为中心，在左右两边作业，且操作台一定要求控制在4m以内，才能产生精巧、便捷的使用效果 | |
| 走廊型 | 沿两边墙并列布置成走廊状，一边布置水槽、冰箱、烹调台，另一边布置炉灶、餐台；这样能减少来回动作次数，可重复利用厨房的走道空间，提高空间效率 | |

| 名称 | 布置形式 | 图例 |
|---|---|---|
| 窗台型 | 窗台型厨房是在二型厨房布置的基础上改进而成的，有效利用了厨房的外挑高窗台空间，在窗台上放置炉灶，两边的橱柜能发挥其最大的储藏功能，但是煤气与水电管线不方便布置，一般以布置洗菜盆为主 | |
| L型 | 将柜台、器具和设备贴在两面相邻的墙上连续布置，工作时移动较小，既能方便使用，又能节省空间，L型厨房不仅适用于开门较多的厨房，同时也适用于厨房兼餐厅的综合空间 | |
| U型 | 即厨房的三边均布置橱柜，功能分区明显，因其操作面长，设备布置也比较灵活，随意性很大，行动十分方便；一般适合于面积较大、接近方形的厨房 | |
| T型 | T型厨房与U型厨房相类似，但有一侧不贴墙，从中引出台面，形成临时餐桌，方便少数成员临时就餐，餐桌可以与橱柜连为一体，也可以独立于中央 | |
| 方岛型 | 中间的岛柜充当了厨房里几个不同部分的分隔物。通常设置1个炉灶或1个水槽，或者是两者兼有，在岛柜上还可以布置一些其他的设施，如调配中心、便餐柜台等，这种岛式厨房适合于大空间、大家庭的厨房 | |
| 圆岛型 | 圆岛型厨房的布局更加华丽，周边橱柜的储藏空间更大，能有效满足烹饪、储藏功能，但在施工上有一定的难度，一般需要专项设计定做；炉灶与水槽的布局不因为空间大而显得零散，最终还是要满足正常使用 | |

### 三、功能设计

根据住宅厨房的使用功能，可以将厨房空间分为基本空间与附加空间两大部分。第一部分是基本空间，是指完成厨房烹调等基本工作所需的空间，主要包括操作空间、储藏空间、设备空间、通行空间、调节空间、发展空间（图7-23）。

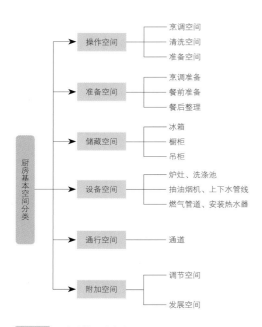

图7-23 厨房功能设计分类

厨房包含着多项职能空间，是完成烹饪操作的基本要求。

图7-24 安全性设计

对厨房中的电源插座加上外壳保护设计，将燃气热水器放置在通风、易观察的位置。

图7-25 采光设计

使用大面积的玻璃窗设计，增强厨房空间的通风与采光性设计。

图7-24 | 图7-25

## 四、细节设计

### 1. 水电气设备

厨房空间内集中了各种管线，使厨房成为设施、工艺程度最复杂的区域。所有管线设备可分为水、电、气等三大类。水设施通过主阀门供水至水池，一般使用PP-R管连接，布设时应该安装在容易检查更换的明处，尤其是阀门与接口在安装后一定要加水试压，以防泄漏。水池使用后的污水经PVC管排入住宅建筑中预留的下水管道。两种管材应明确区分，不应混合使用。

厨房内所用的电器设备一般包括照明灯具、微波炉、消毒柜、抽油烟机、冰箱、热水器等，设施门类复杂（图7-24）。在布设电线时应考虑到使用频率的高低，分别设置数量不等、型号不同的插座。如水池龙头要供应热水就需要单独连接PP-R热水管至热水器，甚至会与卫生间的管道线路相关联。

厨房内一般使用液化石油气、天然气两种。供气单位所提供的控制表应远离明火，所连接的输气软管应设置妥当，避免燃气泄漏发生危险。

### 2. 采光、通风与照明

厨房的自然采光应该充分利用，一般将水池、操作台等劳动强度大的空间靠近窗户，便于精细操作。在夜间除了吸顶灯的主光源外，还需在操作台上的吊柜下方设置筒灯，配合主光源进行局部照明（图7-25）。

现代厨房由于建筑外观等因素限制，不宜采用外挑式无烟灶台，灶台一般设在贴墙处台面，上部可挂置抽油烟机，与住宅建筑所配套的烟道相连，解决油烟排放问题。抽油烟机的排烟软管一般从吊顶内侧通入烟道，不占用吊柜储藏空间。橱柜中如果存放瓜果蔬菜等食品，宜采用百叶柜门，保持空气流畅并防止食品腐烂变质。

★ 小贴士

除了传统的上下布光外，橱柜灯光要人性化设计。借鉴了类似冰箱的感应技术，只要一拉开抽屉或柜门，里面的灯光就会亮起来，既方便存取东西，又很省电，这种感应式的灯光设计很适合厨房空间。

**图7-26** 餐厅空间设计

为了减少在就餐时对其他活动的视线干扰，常用隔断、滑动墙、折叠门、帷幔、组合餐具橱柜等分隔进餐空间。

## 第四节　餐厅设计

　　餐厅是家人日常进餐并兼作宴请亲友的活动空间。依据我国的传统习惯，将宴请进餐作为最高礼仪，所以良好的就餐环境十分重要。在面积大的住宅空间里，一般有专用的进餐空间。面积小的餐厅常与其他空间结合起来，成为既是进餐的场所，又是家庭酒吧，同时还是休闲或学习的空间（图7-26）。

### 一、空间布置形式

　　无论采取何种用餐方式，餐厅的位置应居于厨房与客厅之间最佳，可以节约食品的供应时间并缩短就座的交通路线，且易于清洁，餐厅空间的布置方式有以下四种形式（表7-4）。

表7-4 　　　　　　　　　　　　餐厅空间布置分类

| 名称 | 布置形式 | 图例 |
|---|---|---|
| 倚墙型 | 小面积的餐厅空间很难布置家具，一般选择宽度较大的墙面作为餐桌的凭靠对象，如果没有合适的墙面，靠墙布置时要对墙面作少许装饰，选用硬质材料，以免墙面磨损 |  |
| 隔间型 | 这种布局适合没有餐厅的住宅，可以在沙发背后布置低矮的装饰柜。餐桌依靠柜体，就餐时还能看电视，可谓一举两得 |  |

| 名称 | 布置形式 | 图例 |
|---|---|---|
| 岛型 | 这是一种很标准的餐厅布局形式，当家庭成员坐下后，周边还具备流通空间；除了要合理布置餐桌椅外，还要注意防止餐厅空间显得过于空旷，在适当的墙面上要作装饰酒柜或背景墙造型，这样可以体现出餐厅的重要性与居中性 | |
| 独立型 | 大户型的餐厅布局很饱满，可以满足不同就餐形式的需求，小型的圆形餐桌可以长期放置在餐厅中央不变，大型餐桌需要另外设计储藏区域 | |

## 二、功能设计

### 1. 餐厅位置

在环境条件的限制下，可以采用各种灵活的餐厅布局方式。例如，将餐厅设在厨房、门厅或客厅里，能呈现出各自的特点。厨房与餐厅合并能提升上菜速度，能够充分利用空间，只是不能使厨房的烹饪活动受到干扰，也不能破坏进餐的气氛（图7-27）。

如果客厅或门厅兼任餐厅的功能，那么用餐区的布置要以邻接厨房为佳，它可以让家庭成员同时就座进餐并缩短食物供应的线路，同时还能避免菜汤、食物弄脏环境（图7-28）。通过隔断、吧台或绿化来划分餐厅与其他空间是实用性与艺术性兼具的做法，能保持空间的通透性，但是应注意餐厅与其他空间在设计风格上保持谐调统一，并且不妨碍交通。

**图7-27** 客厅兼餐厅设计
在小面积户型中，将厨房、餐厅、客厅集中在同一个大空间中。

**图7-28** 门厅兼餐厅设计
将餐厅设计在门厅过道中，有效节省室内空间。

图7-27 ｜ 图7-28

**图7-29** 中式餐厅

中式餐厅多选用圆形与正方形餐桌。

**图7-30** 西式餐厅

西式餐厅多采用长方形与椭圆形餐桌。

**图7-31** 餐厅细节设计

图7-29 | 图7-30
图7-31

→ 顶面采用了吊灯与射灯相结合的照明方式。

→ 墙面悬挂装饰画，美化就餐环境。

→ 地面采用木地板铺装，从地面界限来区分客厅与餐厅。

### 2．就餐文化

文化对就餐方式的影响集中体现在就餐家具上，中式餐厅是围绕一个中心共食，这种方式决定了我国多选择正方形或圆形餐桌。西餐的分散自选方式决定了选用长方形或椭圆形的餐桌，为了赶时髦而选用长方形大餐桌并不能满足真正的生活需要（图7-29、图7-30）。

餐厅的家具布置还与进餐人数和进餐空间大小有关。从座席方式和进餐尺度上来看，有单面座、折角座、对面座、3面座、4面座等；餐桌有长方形、正方形、圆形等，座位有4座、6座、8座等；餐厅家具主要由餐桌、餐椅、酒柜等组成。

## 三、细节设计

现在的人们对餐厅环境要求越来越高，因此，营造良好的餐厅气氛非常重要，它主要是通过对餐厅界面的设计细节来完成（图7-31）。

### 1．顶棚

餐厅是进餐的地方，其主要家具是餐桌。餐厅顶棚设计往往比较丰富而且讲求对称，其几何中心的位置是餐桌，可以借助吊灯的变化来丰富餐厅的环境。顶棚灯池造型讲究围绕一个几何中心，并结合暗设灯槽，形式丰富多样。灯具也可以多种多样，有吊灯、筒灯、射灯、暗槽灯。有时为了烘托用餐的空间气氛，还可以悬挂一些艺术品或饰物。

### 2．地面

餐厅的地面既要沉稳厚重，避免华而不实的花哨，又要选择实用性高且易清理的玻化砖、复合木地板，尽量不使用易沾染油腻污渍的地毯。除了错层住宅、复式住宅以外，餐厅与厨房之间、餐厅与客厅之间不能存在任何高度的台阶，防止行走时摔跤。

**3.墙面**

餐厅墙面设计要注意与家具、灯饰的搭配，突出自己的风格，不可信手拈来，盲目堆砌各种形态。餐厅的墙面装饰除了满足其使用功能之外，还应运用科学技术与艺术手法，创造出功能合理、舒适美观、符合人心理及生理要求的环境。

## 第五节　卫浴设计

### 一、空间布置形式

卫生间由于功能上的特殊性与使用时间的不确定性，使得住宅各主要空间都应该尽量与卫生间有直接联系，但是卫生间也要保持一定的独立性。因此，卫生间既要保证使用方便，又要保证具有私密性。在设计中需要将这两者相结合（表7-5）。

表7-5　　　　　　　　　　　卫浴空间布置分类

| 名称 | 布置形式 | 图例 |
|---|---|---|
| 前室型A | 将卫生间分为干、湿两区，外部为盥洗区，中间使用玻璃梭拉门分隔，内部为淋浴间，关闭移门后，内外完全分离，相互不会干扰；这种设计一般用于面积较大的卫生间，主要洁具靠着同一面墙布局，保证有宽裕的流通空间 | |
| 前室型B | 根据个人生活习惯，内部淋浴间可以布置浴缸，并在适当的位置安排储藏柜，放置卫浴用品，中间的玻璃移门也可以换成幕帘，前室型的干湿分区已经成为国内住宅的标准制式 | |
| 集中型 | 将卫生间内各种功能集中在一起，一般适合面积较小的卫生间，例如，洗脸盆、浴缸、淋浴房、坐／蹲便器等分别贴墙放置，保留适当的空间用于开门、通行；这种卫生间的面积至少需要4m$^2$，卫生间的门可以向外开启，避免内部空间过于局促 | |
| 分设型A | 将卫生间中的各主体功能单独设置，分间隔开，如洗脸盆、坐／蹲便器、浴缸、储藏柜分别归类设在不同的单独空间里，减少彼此之间的干扰。分设型卫生间在使用时分工明确、效率高，但是所占据的空间较多，对房型也有特殊要求 | |
| 分设型B | 分设型卫生间面积比较大，一般适合别墅住宅，干区是洗手间，中区是洗衣间和便溺间，湿区是淋浴间；分区设计要比开放设计经济，可以满足家庭多个成员同时使用，分设型卫生间的门可以集中面向一个方位开设，移门或折扇门都是不错的选择 | |

## 二、功能设计

### 1. 主要功能

能满足家庭日常生活需求的住宅卫生间，其基本功能组成，首先应包含以下内容：

第一，排便。包括大小便、清洗等活动；

第二，洗浴。包括洗涤、洗发、更衣等活动；

第三，盥洗。包括洗手、洗脸、刷牙、梳头、剃须等活动；

第四，家务。包括洗涤衣物、清理卫生、晾晒等内容；

第五，储藏。用于收存与卫生间内的活动内容相关的物品等。

### 2. 使用要求

从卫生间的功能看，盥洗、排便、洗浴等活动是卫生间的基本功能。因此，梳妆空间、排便空间、洗浴空间等组成卫生间的基本空间。此外，住宅卫生间中还包括洗衣、清洁等功能，因此，家务空间又成为卫生间新的组成部分（图7-32）。

### 3. 尺度要求

首先，要有充裕的活动空间，如进行各种卫生活动的空间。洗衣空间内要有足够的操作空间，设备、设施的设计及安排应符合人体活动尺度。其次，私密要求：排便与洗浴空间应注意私密性，需要组织过渡空间，避免向餐厅、起居室、客厅之间开门，在有条件的情况下，应该加强与卧室的联系；最后，保洁要求：卫生洁具等设备、设施的材料及设计要便于清洁，易于打扫，有良好的通风换气条件，有充足的收存空间（图7-33）。

### 4. 安全要求

防止碰伤、滑倒。地面材料应防滑，设备转角应圆滑，有些位置应设置扶手等，以保证老人、儿童的安全。电器设备、开关要求防水、防潮。其次是便利要求，对空间及设备、设施等设计安排，要符合卫生行为模式。

图7-32 | 图7-33

**图7-32** 基本功能设计

满足日常生活需要的基本卫浴设计。

**图7-33** 洗涤区设计

包含洗衣、清洁、储物功能。

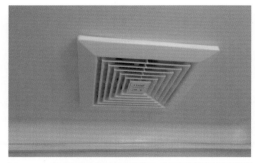

图7-34 换气扇
普通换气扇通风。

图7-35 换气照明一体灯
集光暖、照明、通风于一体。

图7-36 存储设计
卫生间中的家具、搁架等造型应简洁，以免结垢后不利清扫，玻璃物品应放置在儿童够不着的地方。

图7-34 图7-36
图7-35

### 三、细节设计

#### 1. 换气

卫生间的湿度特别高，而且又是封闭空间，所以需要不断补充新鲜空气。新鲜空气是通过窗户、门扇自然换气，同时也要用排气扇来换气。如果将排气扇与照明设计为同一电路，洗浴时一开灯，换气扇也就开始旋转，这样会很方便（图7-34、图7-35）。

#### 2. 照明

卫生间面积小，将灯具安装在吊顶上，会造成头顶滴水，同时，蒸汽也会挡住灯光。所以，灯具的安装位置应避开浴缸、淋浴房的顶部。整个卫生间要经常保持明亮，还需要保持充分的光照。3m²的小型卫生间可以装上10～15W节能灯，如果业主特别喜欢明亮的感觉，或卫生间的面积较大，则可以装上30～40W的节能灯。另外，注意选购的照明灯具必须是防水、防潮产品。

#### 3. 采光

有窗的卫生间里最好能充分运用光照获取自然采光。如果卫生间里没有灯光，最好选用至少1只白炽灯。因为白炽灯照射皮肤的颜色最自然，为了避免白炽灯泡产生蒸汽，也可以安装暖黄色荧光灯。

#### 4. 采暖

现代卫生间中较多使用浴霸、红外暖风机等设备，在我国北方地区，还可以使用电热暖气片、地面水暖等设备。冬季洗浴容易患感冒，特别是对体弱的老人与小孩，有无良好的采暖设备至关重要。因此，针对老人与小孩，最好不只采用一种采暖设备，采暖方式应该更丰富，采暖方向应该全方位。

#### 5. 储藏

卫生间的必备品会使本来不大的空间变得杂乱不堪，要想整齐有序，各种物品所放置的位置应该合理且便于拿取，常用品与不常用品应该分开，备用品可放置在吊柜或低柜中，每天都使用的东西则应固定在专用的位置，放于容易够到的高度。各种物品采取明放与内存结合的方式，牙膏、牙刷、常用化妆品等归放在明处（图7-36）。

另外一些贮备品、易潮品应放在柜内。充分利用小空间，除了脸盆水桶外，卫浴用品的体积都比较小，因此卫生间的储物柜、板架深度应≥150mm。注意安全性、防水性与易清扫性，在卫生间内还应设置物品架、置物台等。

# 第六节　卧室设计

## 一、空间布置形式

卧室是住宅中完全属于使用者的私密空间，纯粹的卧室是睡眠与更衣的空间，由于每个人的生活习惯不同，读书、看报、看电视、上网等行为都要在这里作尽量地完善（表7-6）。

表7-6　　　　　　　　　　　　　　　　卧室空间布置分类

| 名称 | 布置形式 | 图例 |
|---|---|---|
| 倚墙型 | 将床靠着墙边摆放可以将卧室空间最大化利用起来，墙边可以贴壁纸或软木装饰，床体可以放在地台上，显得更有档次；卧室中可以放置大体量衣柜、梳妆台、书桌、电视柜等 | |
| 标准型 | 大多数家庭会选择这种布置形式，能够放置较多的家具及生活用品，卧室面积最小应≥12m²，否则就不能容纳更多的辅助家具；床正对着电视柜，它们之间需要保留≥0.5m的走道，沙发或躺椅才能随意选配 | |
| 倚窗型 | 床头对着窗台，使空间显得更端庄些，很适合面积小而功能独立的主卧室，当阳光通过窗户直射到被褥上，还可以起到"晒棉被"的作用，能有效保障主卧室的卫生环境 | |
| 倚角型 | 圆床比较适合放置在主卧室的墙角，极力地减少占地面积，然而床头柜的摆放就成问题了，可以利用圆床与墙角间的空隙来制作一个顶角床头柜；圆床也可以放置在地台上，注意其他家具不要打破圆床的环绕形态，地台的边角部位要注意处理柔和 | |
| 套间型 | 对于房间数量充足的住宅户型，可以将相邻两间房的隔墙拆掉，扩大主卧室面积，设计成套间的形式，其中一侧作为睡眠区，另一侧作为休闲区，中间相隔双面电视背景墙，旋转的液晶电视机能让主卧室活跃起来，两区之间可以设置移门或遮光幕帘来区分 | |

**图7-37** 睡眠区设计

设计双人床与躺椅的形式，能够满足不同需求。

**图7-38** 梳妆区设计

将梳妆台与更衣区设计在一个空间动线内，操作更加便利。

**图7-39** 休闲区设计

配以家具与必要的设备，如小型沙发、靠椅、茶几等。

**图7-40** 储藏区设计

主卧室还可以配置与墙体为一整体的衣柜，用作衣物储藏，内部布置折叠镜面，可作梳妆或穿衣用。

| 图7-37 | 图7-38 |
|--------|--------|
| 图7-39 | 图7-40 |

## 二、功能设计

### 1. 睡眠区

主卧室是夫妻睡眠、休息的空间。在装饰设计上要体现主人的需求和个性，高度的私密性与安全感是主卧室设计的基本要求（图7-37）。主卧室的睡眠区可分为两种形式，即共享型与独立型。共享型就是共享一个公共空间，进行睡眠休息等活动，家具可以根据主人的生活习惯来选择。独立型则以同一区域的两个独立空间来满足双方的睡眠与休息，尽量减少夫妻双方的相互干扰。

### 2. 梳妆区

主卧室的梳妆活动包括美容与更衣两部分，一般以美容为中心的都以梳妆台为主要设备，可以按照空间的情况及个人喜好，分别采用活动式、嵌入式的家具形式。

更衣也是卧室活动的组成部分，在居住条件允许的情况下，可以设置独立的更衣区，并与美容区位置相结合。在空间受限制时，还应该在适宜的位置上设置简单的更衣区域（图7-38）。

### 3. 休闲区

主卧室的休闲区，是在卧室内满足主人视听、阅读、思考等休闲活动的区域。在布置时，可以根据业主夫妻双方的具体要求，选择适宜的空间区位（图7-39）。

### 4. 储藏区

主卧室的储藏多以衣物、被褥为主，一般嵌入式的壁柜系统较为理想，这样有利于加强卧室的储藏功能，也可以根据实际需要，设置容量与功能较完善的其他储藏家具。在现代高标准住宅内，主卧室往往设有专用卫生间，专用卫生间的开发设计，不仅保证了主人卫浴活动的隐蔽，而且也为美容、更衣、储藏提供了便利（图7-40）。

### 三、细节设计

#### 1. 色彩搭配

主卧室一般使用淡雅别致的色彩，如乳白、淡黄、粉红、淡蓝等色调，可以创造出宁静柔和的气氛。局部也可以用一些较醒目的颜色。尽可能使用调光开关或间接照明，避免躺在床上时感到眩光，以能创造和谐、朦胧、宁静的气氛为佳（图7-41）。

#### 2. 材料选用

卧室墙面一般选用壁纸、壁毯、软包、木材等手感舒适的材料（图7-42）。地面可铺设地毯或木地板，这些装饰材料具有吸音、防潮的特性，而且色彩、质感与卧室的使用功能较为谐调。

## 第七节　案例分析——书房设计

书房设计要考虑到朝向、采光、景观、私密性等多项要求，以保证宁静优雅的良好环境。书房多设在采光充足的南向、东南向或西南向，这样书房的采光较好，可以缓解视觉疲劳。

与卧室并用的书房。这种书房多用在独生子女家庭。两室一厅的住宅中有一室供子女睡觉，但子女正处在学习阶段，需要将这间房当作卧室兼书房。安排好这间既是卧室又是书房的空间，对子女的身心健康大有好处。对于未成年子女，书房兼卧室的家具布置又有所不同（图7-43）。

家庭办公型书房。随着网络技术的发展，人与人、人与企业之间的信息交流越来越顺畅，而家庭作为社会活动中的一个重要场所，不可避免地成为办公场所的延伸部分，只要家中能提供工作的地方，都可以成为家庭办公室（图7-44）。

由于人在书写阅读时需要安静的环境，因此书房应适当偏离活动区，如客厅、餐厅，以避免干扰，同时尽量远离厨房、储藏间等家务用房，以便保持清洁。书房与儿童房也应保持一定的距离，避免儿童的喧闹。

**图7-41** 色彩搭配设计

灯光的外观色彩应注意与室内色彩的基调相谐调。

**图7-42** 材料选择

主卧室虽然可以设置镜面，但是不要正对窗户，以免产生大面积反光，影响正常睡眠。

**图7-43** 儿童房兼备书房

卧床不应临窗横摆，一般靠墙摆放较好。书桌设计在靠窗位置，拥有最好的光线。

**图7-44** 家庭办公书房

除了书柜、书桌以外，不宜大面积装饰造型。书房内的装饰应简洁明快，可以将挂画、匾额、玻璃器皿陈列于书柜间隙处，以调节视觉疲劳。

| 图7-41 | 图7-42 |
|--------|--------|
| 图7-43 | 图7-44 |

从职业特征来看，书房的布置形式与使用者的职业有关，不同的职业会造就不同的工作方式与生活习惯，应该具体问题具体分析。有的特殊职业，除阅读以外，书房还应具有工作室的特征，因而必须设置较大的操作台面。同时书房的布置形式与空间有关，这里包括空间形状、大小、门窗位置等（图7-45~图7-48）。

从气氛营造上来设计，书房是一个工作空间，但绝不等同于一般的办公室，它要和整个家居的气氛相和谐，同时，又要巧妙地应用色彩、材质以及绿化等手段，来创造出一个宁静温馨的工作环境。在家具布置上，书房不必像办公室那样整齐干净，而要根据使用者的工作习惯来布置家具及设施，乃至艺术品，以体现主人的品位、个性（图7-49）。

从降低噪声的角度来设计，书房是学习和工作的场所，相对来说要求安静，因为人在嘈杂的环境中的工作效率要比安静环境中低得多。所以在装修书房时要选用隔声、吸声效果好的装饰材料。顶面可以采用吸声石膏板吊顶，墙壁可采用PVC吸声板或软包装饰布等装饰，地面可以采用吸声效果佳的地毯，窗帘要选择较厚的面料（图7-50）。

**图7-45** 书房设计（一）

中式风格的书房淳朴、典雅，容易让人静下心来。

**图7-46** 书房设计（二）

采用明亮的色彩搭配，能够提升工作热情，激发大脑的思考欲望。

**图7-47** 书房设计（三）

空间狭长的书房，添加整面墙的壁画设计，能够消除空间的压迫感，增添书房的文人气息。

**图7-48** 书房设计（四）

深色的书房家具给人沉着的气息，但工作效率高，能够营造良好的安静工作氛围。

**图7-49** 营造氛围设计

通过家具的质感与色彩搭配，在书房中营造和谐氛围，既是工作时的办公场所，也是接待好友的会客空间。

**图7-50** 降低噪声设计

在书房中采用多层窗帘设计，既能够遮光，又能阻隔噪声。

| 图7-45 | 图7-46 |
|--------|--------|
| 图7-47 | 图7-48 |
| 图7-49 | 图7-50 |

★ 补充要点

书房设计要素

（1）书房对照明和采光的要求较高，因为人眼在过强或过弱的光线中工作，都会对视力产生很大的影响，所以写字台最好放在阳光充足，且没有直射光的窗边。书房内一定要设有台灯和书柜射灯，便于主人阅读和查找书籍。

（2）隔声是书房设计的重点，在装修书房时要选用隔声、吸声效果好的装饰材料。

（3）书房摆放要整齐，将空间分为书写区、查阅区、储存区，这样可使书房井然有序，还可提高工作效率。

## 本章小结

玄关、餐厅、厨房、客厅、卧室、书房、卫生间作为住宅空间的重要组成部分，在空间中扮演着重要角色，本章从住宅各个空间进行展开详细的编写，通过分析各个空间的设计要素、布置形式、细节设计、功能作用等，为读者提供全方位的住宅空间设计知识，较为系统地阐述了住宅空间的设计重点。学习本章知识能够让读者对室内空间划分、布局、设计上有更加全面的认知。

# 第八章
# 住宅空间设计优选案例

**识读难度：** ★ ★ ★ ★ ★

**核心要点：** 小户型、空间、功能、色彩、采光

**章节导读：** 在住宅空间中，不同面积的空间有着不同的设计手法，不同设计师有不同的设计理念，设计出令业主满意的空间设计作品，优秀的设计作品必然离不开设计师的良苦用心，以及业主对设计的一丝不苟（图8-1）。因此，优秀的空间设计能够为业主带来良好的居住体验。

**图8-1** 空间陈设设计
住宅空间中的陈设与色彩搭配，是设计的升华，家具的功能性与美观性是住宅空间设计的重点设计。

**图8-2** 原始户型图

**图8-3** 设计平面布置图

1. 将餐厅和厨房中间的墙拆除掉，二者合二为一，既能扩大活动空间，使得日常行走动线更通畅，采光反射面也能更大，室内明亮度能有所增强。

2. 为了增强家居隐私性，可以将入户阳台改为玄关，并增加两扇磨砂玻璃移门，既不会完全遮挡阳光，也能形成一个新的格局。

3. 卧室2作为主卧存在，可以在其窗户凸起处砌筑石台，或以柜体形式制作飘窗，既能有效增加卧室内存储空间，也能有效的利用室内空间，同时飘窗也能赋予室内空间更多的时尚感。

**图8-4** 客厅

客厅布局简单，白色地砖搭配深色地毯，给人一种向外的延伸感。沙发呈L型摆放，行走空间十分流畅，顶面也没有多余的造型，简单却也兼具设计感。

**图8-5** 主卧

主卧改造后的飘窗以白色柜体为主体形式，搭配棉麻材质的窗帘，时尚感扑面而来，飘窗的深度也恰到其处，可以很好的进行收纳工作。

# 第一节 合二为一的住宅空间设计

本案例是一个75m²的小户型设计，依据使用功能重新分区，增强整体结构的流通性，最终达到合二为一扩大使用面积的目的。户型包含有客餐厅、厨房各一间，卫生间两间，卧室三间，阳台两处，两处过道。这套户型采光条件较好，但分区较多，且部分分区比较杂乱。设计要求能有一个比较有逻辑的行走动线，整体空间要简洁且兼具设计和时尚感。根据设计需求，要求表现出一种高雅且温馨的环境，设计师以棕色、灰色、苹果绿作为主打色，使人感觉到温暖和清新，是一种典型的简约现代风格设计，作为小型家居是一个非常温馨的设计，将空间完美地利用，把小户型做出了大空间的感觉（图8-2～图8-8）。

| 图8-2 | 图8-3 |
| --- | --- |
| 图8-4 | 图8-5 |

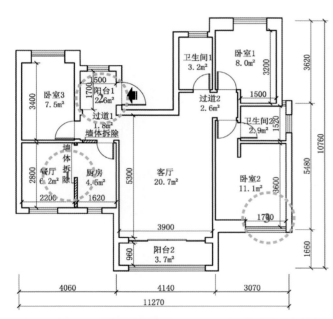

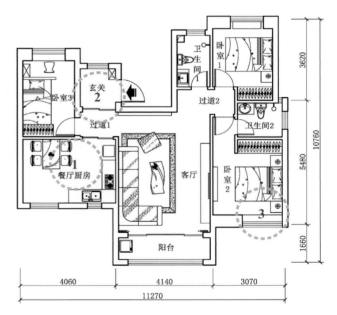

## 图8-6 卧室1

卧室1在其窗户凸起处放置有白色抽屉柜，房间内除墙面挂画和桌面陶瓷装饰品外再无其他装饰，虽稍显简单，但却能使小空间具有大视觉感。

## 图8-7 卧室2

卧室2改造为卧室并书房的形式，白色梯级挡板并储物柜，一方面隔断空间，一方面作为书房书柜存在。书桌放置于窗户凸起处，采光良好。

## 图8-8 公共卫生间

公共卫生间使用人员较多，设立玻璃框架淋浴间，进行干湿分区，简化空间。洗面池上方的长条镜也能有效增强空间感，使卫生间更显通透。

## 图8-9 原始户型图
## 图8-10 设计平面布置图

1. 拆除卫生间门洞，使其与卧室1的门洞处于同一水平线上，以此增长卫生间竖向面积，预留干湿分区空间。

2. 改变过道通向书房的门洞大小，由原来的800mm变更为更宽阔的1000mm，扩大行走空间，在纵向视角上增强空间立体感。

3. 将书房原800mm的单扇推拉门改为两扇700mm的玻璃推拉门，一方面增强书房与卧室之间的开阔感；另一方面减少了单扇平开门开合的空间，为书房提供更大的活动空间和存储空间。

| 图8-6 | |
|---|---|
| 图8-7 | 图8-8 |
| 图8-9 | 图8-10 |

# 第二节 扩大入口营造大气的住宅空间设计

这是一套内部面积在60m²左右的户型，包含有客餐厅、书房、厨房、卫生间各一间，卧室两间，并一处过道。这套户型采光比较充足，客餐厅面积比较适中，但厨房与卫生间面积较小，能储存的物品过少。设计要求在保留基本格局的情况下加大存储空间，增强空间立体感。

总体来说，这种混搭风格很好地将各种不同类型的风格集合在一起，现代的电器与古典的门窗很好地融合到了一起，在不失功能的情况下很好表现出了田园的清新和自然（图8-9~图8-16）。

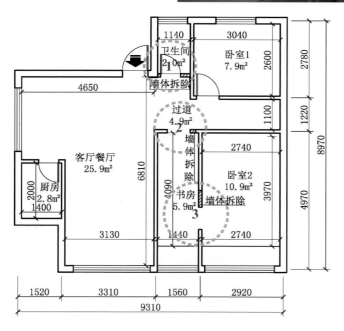

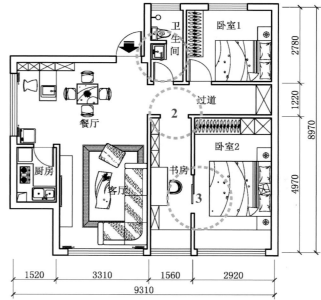

图8-11 图8-12
图8-13 图8-14
图8-15 图8-16

**图8-11** 简洁式门厅

面积较大的客厅在布置上会更显容易，沙发两边的落地灯配合顶棚处的点点灯光，亮度适宜，不会给人压抑的感觉，此时若开窗，配上明亮的月光，室内的立体感也便更强了。

**图8-12** 转角储物柜

对于空高不是特别高的书房，选择层板无疑是一个明智之举，在层板上放置基本常用的书，几件极具艺术性的装饰品，不仅颇具时尚感，也能给人一种轻松、舒适的感觉。

**图8-13** 餐厅吧台

餐厅设置吧台是一种情调，吧台之上的水池可做基本清洗工作，吧台之下具备存储空间，而酒柜除了可以储存物品外，同样也是一件艺术品，柔和的灯光下，偶尔小酌一杯，必定使人万分愉悦。

**图8-14** 卧室

直线垂落的吊灯给阅读提供了充足的光线，但又不会感觉到刺眼，灯光从灯罩内向四周发散，这对于面积不是非常大的卧室而言，可以算是一种意外之喜。

**图8-15** 厨房

水池上方的工作灯有效避免了厨房事故的发生。抽拉式的橱柜使得厨具的拿取更加方便，吊柜则为爱好烹饪的美食家提供了更多的存储空间。

**图8-16** 卫生间

壁灯能为狭长的卫生间提供竖向的照明，而干湿分区处的台下柜为卫生间也提供了更多的储物空间，即使东西较多，也一样可以收拾得井井有条。

**图8-17** 原始户型图

**图8-18** 设计平面布置图

1. 拆除阳台靠近客厅一处的墙体，使其在形式上与客厅相通，在阳台处设置书桌，封闭阳台，获取更多的休闲空间。

2. 为了获取更多的储物空间，可拆除卧室靠近客厅一侧的墙体，只留120mm厚的墙体作为卧室的隔断墙。

**图8-19** 客厅

客厅电视柜侧面设置有收纳方格，例如茶杯、小盆栽等装饰品可以放置于其中。客厅主打色调为白色，横条型的灯具搭配落地灯也使得空间更加明亮。

**图8-20** 卧室

衣帽间可以很好的增添时尚感，卧室面积较大的，可以选择空间合适的衣帽间，既能存储衣物，也能使大卧室显得不那么空旷。

| | 图8-17 |
|---|---|
| | 图8-18 |
| 图8-19 | 图8-20 |

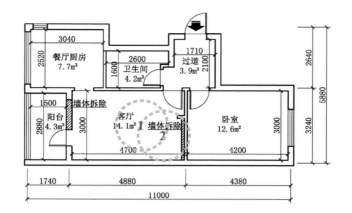

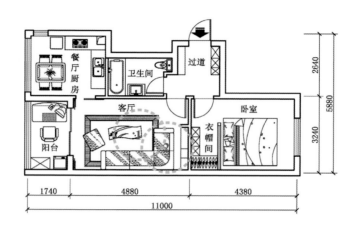

# 第三节 改变功能分区的住宅空间设计

这是一套内部面积在47m²左右的户型，要求增加分区使用功能，从实用性上加大空间利用率。户型包含有客餐厅、厨房、卫生间、卧室各一间，一处过道，一处阳台。这套户型纵向伸展，房型比较规整。设计要求在兼具生活用途的同时能够创造更多的休闲空间（图8-17～图8-23）。

# 第四节　建立开放式的住宅空间设计

这是一套内部面积在62m²左右的户型，要求拆除隔断墙体，根据需要新建墙体，重新规划空间。户型包含有客餐厅、厨房、书房、卧室各一间，卫生间两间，并一处阳台。这套户型仅有一间卧室，对于三口之家来说有些拥挤，行走通道也稍显狭窄。设计要求增加卧室，扩大行走空间（图8-24～图8-29）。

**图8-21** 日式挂灯

餐厅选用悬挂型金属外罩吊灯，配合黑色木质方桌，四面白墙，整个空间彰显出浓厚的大气感。

**图8-22** 走道

走道与卧室地面采用长条型地板纵向铺设，搭配顶面纵向分布的点状筒灯，空间在视觉上得到有效延伸。

**图8-23** 阳台

阳台墙面选用灰色乳胶漆，顶面刷白，两者衔接紧密，白色书桌和灰色座椅于此形成呼应，增加了空间的趣味性。

**图8-24** 原始户型图

**图8-25** 设计平面布置图

1. 拆除厨房两侧墙体，使之形成开放式格局，一方面可以扩大厨房空间感，另一方面也可以增强客厅开阔感。

2. 拆除书房一侧的墙体，使之与客厅在视觉上成为一个既独立又统一的整体，既可以获得客厅的阳光，也能扩大客厅活动范围。

3. 移动卧室门洞的位置，并取其横向长度的中间值，在此处新建墙体，将原始卧室一分为二，恰好空间内左右两侧均有一间卫生间，刚好可以并入重新划分出来的卧室之中。

| 图8-21 | 图8-22 | 图8-23 |
|---|---|---|
| 图8-24 | | |
| 图8-25 | | |

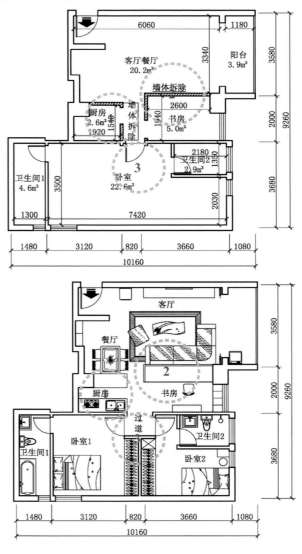

图8-26 | 图8-27
图8-28 | 图8-29

**图8-26** 客厅

书房书桌的背面恰好可以为客厅沙发提供支撑点，且在无形中将客厅和书房独立开来，但又不浪费任何空间，书房与客厅均以白色为主，色调干净且清新。

**图8-27** 小餐厅

小餐厅会更适合选用垂挂型的艺术吊灯，这种灯具的灯光比较集中，且艺术吊灯具有一定的美观性，可以为小餐厅增添更多情调。

**图8-28** 书房

面积较小且空高不是特别高的开放式书房不建议设置书柜，选择简约的铁艺书架会更好，既可以放置书籍，也不会显得过于沉重。

**图8-29** 客厅一角

小空间除了基本的储物柜之外，还可以充分利用墙面资源，客厅设置几块小层板，可放置少量的装饰品或其他物品，兼具实用性和观赏性。

## 第五节 改变面积扩大存储的住宅空间设计

这是一套内部面积在58m²左右的户型，要求缩小部分功能分区面积，以此设立更多的储物空间。户型包含有客餐厅、厨房、卫生间、书房各一间，卧室两间，一处过道，两处阳台。这套户型坐西朝东，入口处便是厨房，是比较常见的房型。设计要求扩大厨房空间，优化室内采光问题（图8-30~图8-35）。

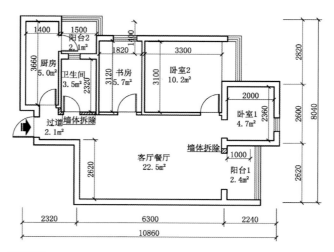

**图8-30** 原始户型图

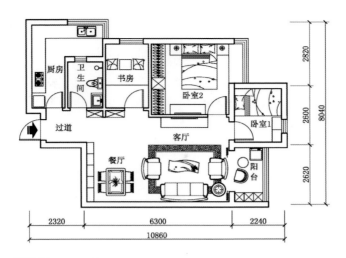

**图8-31** 设计平面布置图

**图8-32** 客厅餐厅

3D立体装饰字具有很强的艺术美感，装饰性很强，色彩亮丽的棉麻沙发也为客厅增添了更多质感和高级感。

**图8-33** 餐厅

餐厅白色的酒柜和作为背景墙存在的大幅深色装饰画形成了强烈的对比，在三维空间上有了一个色彩的递进，艺术气息很浓郁。

**图8-34** 书房

书房面积较小，层板下方设置的长条镜在视觉上扩展了空间，同时白色打底的层板和白色的墙面也有效地提高了书房内的亮度。

**图8-35** 阳台

作为休闲区域存在的阳台，可以设置开放式的储物柜，摆上浅色的圆桌，浅色的沙发椅，整个空间弥漫着一种很自由的气息。

| 图8-32 | 图8-33 |
|--------|--------|
| 图8-34 | 图8-35 |

## 本章小结

　　本章作为本书的案例篇，通过对优秀住宅空间的照明设计、采光设计、风格设计、色彩搭配的详细讲述，将前7个章节的知识点概括其中，通过案例式教学的方式，将住宅空间设计中的要点进行全方位的概括，将知识点活学活用，运用到设计作品当中。

# 参考文献

[1]（日）铃木信弘著，新经典出品. 住宅收纳设计全书. 海口：南海出版公司，2018.

[2]（美）马克詹森·哈尔戈德斯坦·史蒂文斯库罗. 商业空间与住宅设计. 桂林：广西师范大学出版社，2016.

[3]（日）家居协会（编著），凤凰空间出品. 家居设计解剖书. 南京：江苏科学技术出版社，2016.

[4]（西班牙）阿瑞安·穆斯特迪. URBAN HOUSES 城市住宅空间设计. 北京：中国林业出版社，2007.

[5]（日）X-Knowledge. 住宅设计解剖书舒适空间规划魔法. 南京：江苏科学技术出版社，2015.

[6] 饶平山，吴巍. 室内设计与工程基础. 武汉：湖北美术出版社，2004.

[7] 汤重熹. 室内设计. 北京：高等教育出版社，2004.

[8] 肖然，周小又. 世界室内设计住宅空间. 南京：江苏人民出版社，2011.

[9] 文健，王斌（主编）. 住宅空间设计. 北京：北京大学出版社，2011.

[10] 金珏，潘永刚，李杰. 室内设计与装饰. 重庆：重庆大学出版社，2001.

[11] 谢海涛. 住宅空间/名家设计案例精选. 北京：中国林业出版社，2016.

[12] 冯信群，陈波. 住宅室内空间设计艺术. 南昌：江西美术出版社，2002.

[13] 家居创意. 家居创意设计精选 客厅设计600例. 北京：机械工业出版社，2017.

[14] 夏然. 好想住文艺风的家：客厅设计与软装搭配. 南京：江苏科学技术出版社，2018.

[15] 李江军. 中国家装好设计7000例第3季卧室餐厅玄关过道. 武汉：中国电力出版社，2016.